"十四五"时期国家重点出版物出版专项规划项目

新能源先进技术研究与应用系列

太阳能原油维温系统能流输运理论与技术

Theory and Technology of Energy Transport in Crude Oil Heating System with Solar Energy

吴洋洋　李　栋　赵雪峰　等著

哈尔滨工业大学出版社
HARBIN INSTITUTE OF TECHNOLOGY PRESS

内 容 简 介

"双碳"愿景下原油储备维温绿色低碳转型前景明朗,本书根据原油维温用能特点,以清洁低碳的太阳能作为原油维温热源,利用高储热密度相变材料平抑能量供求侧动态波动,提出太阳能协同储能原油维温技术。本书包括浮顶油罐内原油流动传热特性、相变储热单元传热与储热特性、光热利用设备及其基础传热特性、太阳能原油维温系统运行特性、光热清洁替代技术研究与工程设计等 5 部分内容,从单体到系统,由短周期到长周期,研究各单体内流体流动传热特性和系统运行特性,剖析系统能量供需动态影响机制,并提供了工程设计实例,为该技术的工程实用化提供理论和技术依据。

本书可供油气低碳科学与工程、动力工程及工程热物理、土木工程等学科从事油田节能技术和太阳能利用研究的科研工作者,以及相关专业的研究生参考。

图书在版编目(CIP)数据

太阳能原油维温系统能流输运理论与技术/吴洋洋
等著. —哈尔滨:哈尔滨工业大学出版社,2025.1
(新能源先进技术研究与应用系列)
ISBN 978-7-5767-0993-3

Ⅰ.①太… Ⅱ.①吴… Ⅲ.①油罐-地面储罐-研究
Ⅳ.①TE972

中国国家版本馆 CIP 数据核字(2023)第 157804 号

策划编辑 王桂芝
责任编辑 马毓聪 庞亭亭
出版发行 哈尔滨工业大学出版社
社 址 哈尔滨市南岗区复华四道街 10 号 邮编 150006
传 真 0451-86414749
网 址 http://hitpress.hit.edu.cn
印 刷 辽宁新华印务有限公司
开 本 780 mm×1 092 mm 1/16 印张 14 字数 330 千字
版 次 2025 年 1 月第 1 版 2025 年 1 月第 1 次印刷
书 号 ISBN 978-7-5767-0993-3
定 价 78.00 元

前　言

　　完善原油储备体系、提升原油储备能力是筑牢国家能源安全网链防线的重要屏障。我国面临原油产能趋低困局,补仓原油储备、增强保供能力势在必行。目前我国原油对外依存度超过 70%,进口原油是保障国家能源安全的重要举措,同时伴随原油进口量增长与能源战略布局需要,大型浮顶油罐在原油储备方面的重要性日益凸显。然而,原油静储期间,外界低温环境侵扰可能使原油温度下降,温降严重会造成凝罐事故,影响油库收发油周转作业。目前,多采用燃气加热炉或电加热方式实现原油维温,但存在能耗高、碳排放强度大等问题,直接影响原油储备效益。

　　节能技术辅助太阳能热利用是保障原油维温效益的有效途径之一。本书根据原油维温用能特点,以清洁低碳的太阳能作为原油维温热源,利用高储热密度相变材料平抑能量供求侧动态波动,提出太阳能协同储能原油维温技术。本书首先从浮顶油罐内原油流动传热特性、相变储热单元传热与储热特性、光热利用设备及其基础传热特性、太阳能原油维温系统运行特性等方面着手,从单体到系统,由短周期到长周期,研究各单体内流体流动传热特性和系统运行特性,剖析系统能量供需动态影响机制,最后以油田工程为例,对光热清洁替代技术研究与工程设计进行了初探,为油田太阳能热利用技术的规模化应用推广提供工程参考。

　　本书部分成果得到了国家自然科学基金资助项目"保温相变多层复合围护结构光热非均匀时空传输调控机制"(编号:52078110)、黑龙江省青年科技人才托举工程项目(编号:2023QNTJ012)、2023 年度新一轮黑龙江省"双一流"学科协同创新成果项目"油田地面集输系统太阳能清洁供热技术"(编号:LJGXCG2023-047)、黑龙江省自然科学基金项目"太阳能耦合相变储能原油维温系统能流输运调控研究"(编号:LH2023E017)、东北石油大学"国家基金"培育基金项目"太阳能原油维温系统增效机理与热输运特性研究"(编号:2023GPL-08)、东北石油大学人才引进科研启动经费资助项目"非均时变能流下罐储原油太阳能维温系统热输运调控机制"(编号:2022KQ16)、大庆市新能源领域"揭榜挂帅"科技攻关项目"高纬度低海拔复杂环境下光伏电站的设计及结构基础形式的研究"(编号:HGS-KJ/KJGLB-〔2021〕第 30 号)、大庆市指导性科技计划项目"油田污水沉降系统太阳能-燃气加热能流研究"(编号:zd-2021-50)和"基于太阳能应用的油田单井产出液加热维温系统热力特性研究"(编号:zd-2021-55)、国家住房与城乡建设部项目"相变蓄能隔热玻璃围护结构研发及寒区适用性研究"(编号:2020-K-184)、黑龙江省自然科学基金项目"相变玻璃围护结构室内光热环境分区跨时空协同调控机制"(编号:LH2021E022)等多项科研项目的支持,在此深表谢意。

　　参加本书撰写的人员为东北石油大学吴洋洋、李栋,大庆油田有限责任公司赵雪峰、

1

庞志庆,大庆油田建设设计研究院孟岚等,他们均具有多年的油田节能降耗与油田新能源利用研究经验。本书各章的撰写分工如下:第3章、第5章由吴洋洋撰写,第1章、第4章由李栋撰写,第2章、第6章由赵雪峰、庞志庆、孟岚撰写,全书由吴洋洋统稿。在撰写过程中,硕士研究生朱尚文、佟翔宇、于杨、蔡江阔、王泽钊、彭成、王克平、戎建城、王雪扬、姚文飞、王兴龙、宋英平等参与了书稿整理工作。本书在撰写的过程中,参考了很多专家、学者的著作和研究成果,在此一并表示衷心的感谢。

由于作者水平有限,书中难免有疏漏及不足之处,恳请广大读者提出宝贵意见。

作　者
2024 年 10 月

目　　录

第1章 绪 论

1.1 研究背景及意义

能源既是国家经济发展的命脉,也是人民乐业安居的重要支柱。保障能源安全,事关国家发展大局。石油作为重要的战略能源,同国家的经济发展、社会稳定密不可分。我国原油对外依存度超过 70%(图 1.1),石油储备对保障国家能源安全至关重要。随着石油战略储备工程的实施,我国多数油库相继开展增储工程,其中浮顶油罐是有效降低石油储备成本的主要设备。在生产运行中,需对储备原油进行加热维温以防原油胶凝,避免凝罐等生产事故(图 1.2)。通常,利用锅炉等设备产生蒸汽或热水对浮顶油罐内原油进行加热维温。然而,锅炉烟气排放物含有 SO_x 和 NO_x 等有害成分,会对环境造成一定程度的污染,并且消耗大量的能源。据估算,对于 10×10^4 m³ 浮顶油罐,罐内原油温度升高1 ℃,需消耗约 7 t 标准煤。因此,加快原油维温技术开发与优化、推动原油储备节能创效势在必行。

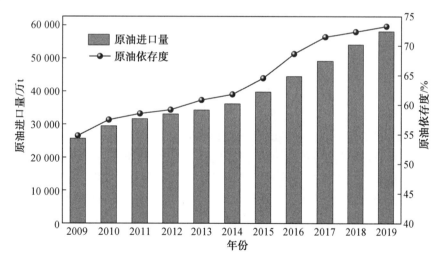

图 1.1 我国原油进口数据

利用可再生能源是实现原油储备过程中加热维温低碳化的重要方式。太阳能作为取之不尽、用之不竭的可再生能源,备受世界各国重视。提高浮顶油罐内原油加热维温太阳能光热利用率为降低常规能源消耗及拓宽太阳能应用提供了一种新途径。在太阳能光热利用中,太阳能集热器将辐射能转换为热能用于原油加热维温。然而,受太阳辐射时空变化和原油温变影响,供给侧能源供需不稳定,造成系统加热维温不能连续稳定运行。储热

1

图 1.2　胶凝原油

以显热、潜热或热化学方式储存能量并在需要时释放,能够在很大程度上解决能源需求与供给在时间、空间及形态上的不匹配问题。其中,相变储热因其单位质量储热量高、相变过程温变范围小、能量输出稳定等优点,在建筑供暖、太阳能热电站、热管理等领域应用广泛。本书提出的由太阳能集热单元、相变储热单元和既有辅助热源组成的集-储-供联合供热系统,为原油加热维温提供了工程应用研究参考。

原油加热维温系统涉及集热、储热和加热等子系统,各子系统内流体流动传热及各子系统间能量供需复杂。浮顶油罐内加热盘管的光管管束加热效率偏低,翅片管束可强化原油加热效果,但受结构异化影响,翅片管束局域原油流动传热不同于光管管束,这会影响大空间浮顶油罐内原油传热效果,因此研究翅片管束加热原油流动传热特性可为提升大空间原油加热效果提供指导。相变材料(phase change material,PCM)相变储热过程涉及导热、对流、相变等多种传热方式,受材料自身属性影响,PCM 的传热性能与储热性能相互影响,因此协同强化传热与储热对发展高效相变储热单元、保障原油加热维温系统安全运行十分重要。太阳能集热器的储热性能影响太阳能利用效果,添加 PCM 可以提升其热性能并延长集热时间,但相变储热需求和地区环境条件会影响集热器热性能与原油加热维温系统的能量稳定供应。太阳能集热器、相变储热单元、辅助热源和浮顶油罐等各单体之间相辅相依、相互影响,太阳能原油维温系统性能受多种因素动态耦合制约,其长周期能量供需动态运行特性和短时间单体内流体流动传热相互影响。

综上,以太阳能协同储能实现原油加热维温与系统能量供需动态高效运行为出发点,研究各单体内流体流动传热特性,分析不同因素影响规律,探索系统能量动态影响机制,可为系统安全高效平稳运行提供支持。

1.2　国内外研究现状

1.2.1　太阳能加热原油研究现状

油气田要加快推进绿色低碳发展,须充分发挥风、光、工业余热、地热等绿色能源优势,大力开发和利用可再生的清洁能源,达到油气田"碳中和"。我国对于油田自产绿电消纳、上网给予政策支持,对于地热水、干热岩等资源开发给予税收支持,以期实现油气田绿色低碳发展,助力高含水老油田向综合能源公司转型。

油气田企业能耗以热耗为主,其次是电耗。终端热耗占 2020 年勘探板块总能耗的 87.4%,占油气田业务总能耗的 83.1%。表 1.1 为 2020 年勘探板块能耗构成。表 1.2 为 2020 年油气田业务能耗构成。

表 1.1　2020 年勘探板块能耗构成

实物类型		单位	实物量	综合能耗	占比 /%
热能	天然气	$\times 10^8$ m³	150	2 496	71.0
	原煤	$\times 10^4$ t	431	308	10.9
	原油	$\times 10^4$ t	109	15	5.5
	小计	$\times 10^4$ tce		2 460	87.4
电力		$\times 10^8$ kW·h	235	289	10.3
其他		$\times 10^4$ tce	65	65	2.3
合计		$\times 10^4$ tce	2 813	2 813	100

注:tce 为 1 t 标准煤当量热值。1 tce = 29.271 MJ/kg(平均热值)$\times$ 1 000 kg = 29.271 $\times 10^6$ kJ。

表 1.2　2020 年油气田业务能耗构成

实物类型		单位	实物量	综合能耗	占比 /%
热能	天然气	$\times 10^8$ m³	140	2 362	76.3
	原煤	$\times 10^4$ t	107	153	6.3
	原油	$\times 10^4$ t	22	12	0.5
	小计	$\times 10^4$ tce		2 027	83.1
电力		$\times 10^8$ kW·h	274	335	13.8
其他		$\times 10^4$ tce	74	74	3.1
合计		$\times 10^4$ tce	2 436	2 436	100

油田能耗中热能占比大,2020 年油田能耗为 1 597 $\times 10^4$ t 标准煤,占油气田总能耗的 65.6%。稠油产量(1 041$\times 10^4$ t)约占原油总产量(10 220$\times 10^4$ t)的 10.2%,稀油能耗占油田总能耗的 61.7%,是耗能大户,用热替代潜力大。其中稠油能耗占油田总能耗的 38.3%,可见稠油开发热替代是关键。表 1.3 为典型油气田种类能耗构成。

3

表 1.3　典型油气田种类能耗构成

实物类型	单位	实物量			
		稀油	稠油	气田	小计
天然气	$\times 10^8$ m³	40	39	61	140
原油	$\times 10^4$ t	94	13	0	107
电力	$\times 10^8$ kW·h	236	20	23	274
原煤	$\times 10^4$ t	8	9	0	22
其他	$\times 10^4$ tce	28	43	3	74
合计	$\times 10^4$ tce	986	612	838	2 436

　　油田热能耗主要由天然气、原煤和原油燃烧供给,燃烧过程直接排放大量CO_2。如果实现油田热能耗用清洁热力替代,不仅节能效果显著,还将大幅降低直接燃烧产生的CO_2,碳减排效益显著;同时,节省了自用燃气、增加了商品气量,而商品气价高,将会带来显著的经济效益。可见,若想降低油气田业务总能耗和油气田温室气体排放量,在降低热能消耗的基础上增加清洁热能替代是重点工作方向。"以热替热"是指采用光热、地热和余热等清洁能源替代油田当前所用的天然气、原油及原煤等化石能源。在我国石油油区范围内,地热资源储量虽然丰富,但是目前仅在华北地区发现较好的地热能源,当前西北及东北地热优质资源经济利用需深入研究。因此,光热是当前油田热能替代的主要途径。玉门、吐哈、塔里木、新疆、青海等油田太阳能资源丰富;大庆、吉林、长庆、冀东、大港、辽河、华北、浙江等油田太阳能资源可利用。表 1.4 为部分油田太阳能辐射量。

表 1.4　部分油田太阳能辐射量

油田名称	太阳能辐射量 /(MJ·m⁻²)	油田名称	太阳能辐射量 /(MJ·m⁻²)
玉门油田	7 683	青海油田	6 397
吐哈油田	6 963	西南油田	6 396
辽河油田	6 633	华北油田	6 366
大庆油田	6 564	冀东油田	6 197
吉林油田	6 532	大港油田	6 029
塔里木油田	6 518	浙江油田	4 199
新疆油田	6 442	长庆油田	3 942

　　太阳能光热行业 1996 年左右在我国开始产业化发展,应用领域已从提供生活热水向采暖、制冷、干燥、锅炉等工农业诸多领域扩展。低温光热对应稀油生产用热的需求,高温光热则适用于稠油注蒸汽热采开发需求。多年来,由于太阳能利用非油气田主营业务,造成油气田关于太阳能利用技术、管理基础薄弱。自 2020 年 6 月起,我国各油气田陆续启动新能源(清洁能源替代)"十四五"规划,初期由于思想认识不到位,技术路线不清晰导致工作进展缓慢。在油田现场及勘探板块的大力推动下,逐步筑牢清洁利用战略思想,并

通过组织技术交流、工作研讨、"十四五"规划方案审查、工作推进、光热替代工作部署、清洁替代技术选商活动等工作的开展及不断推进,各油田逐步明确了任务目标,完成了"十四五"规划初步方案,但由于缺乏经验,光热替代在可研、设计、施工、运营等环节问题凸显,因此油气田企业急需技术及整体解决方案引领,以提高项目质量、坚定实施信心。

根据预测,各油气田"十四五"用能持续偏高,用能结构仍以天然气为主,预计 2025 年消耗天然气 $174.56 \times 10^8 \ m^3$,其中大庆油田 $18.9 \times 10^8 \ m^3$、新疆油田 $29.1 \times 10^8 \ m^3$,节能减排任务艰巨,急需清洁能源替代。"十四五"期间用能预测见表 1.5。

表 1.5 "十四五"期间用能预测

油田名称	能耗合计 /($\times 10^4$ tce)				
	2021 年	2022 年	2023 年	2024 年	2025 年
大庆油田	625.90	618.56	613.71	615.29	619.9
长庆油田	562.00	562.00	574.00	591.00	610.00
新疆油田	439.08	443.6	453.14	456.5	461.23
辽河油田	284.50	287.40	290.50	295.20	298.00
塔里木油田	51.93	53.72	56.62	59.53	63.04
西南油气田	244.00	260.00	291.00	309.00	332.00
青海油田	130.00	145.00	152.00	160.00	170.00
吉林油田	55.17	57.45	58.27	58.75	59.11
华北油田	52.00	53.20	53.30	51.20	47.10
玉门油田	48.80	49.2	51.47	51.27	150.91
大港油田	43.60	44.20	44.80	45.80	46.20
吐哈油田	42.42	42.28	42.07	41.67	41.19
冀东油田	12.52	12.56	12.49	12.59	12.66
浙江油田	1.07	1.30	1.51	1.87	2.04
南方勘探	1.23	1.20	1.17	1.13	1.11
合计	2 594.22	2 631.67	2 696.05	2 750.8	2 914.49

综上所述,利用光热实现油气田耗热替代,是清洁替代的重要一环。太阳能协同储能是实现原油加热维温的重要途径之一。Khalid 等设计了原油预热的太阳能供能系统,主要由太阳能集热单元、原油加热单元、透平发电单元和储能单元构成,其中太阳能集热单元收集热量分别用于透平发电、原油加热和热能存储,原油与来自太阳能集热单元的传热流体在换热器内完成热量交换。该系统总效率和烟效率分别为 60.94% 和 19.34%,并承担约 10% 的热负荷,实现 CO_2 减排 11 950 t/ 年。图 1.3 所示为太阳能预热原油系统。Mammadov 等建立了用于原油加热的槽式太阳能聚光集热系统,从经济效益、能源节约和生态保护等角度论证了其在阿塞拜疆石油化工方面的应用潜力。贝瑞石油公司在美国加利福尼亚建设了用于提高原油热采效率的太阳能工厂。美国雪佛龙公司提出了采用定日镜进行太阳能聚光集热产生高温高压蒸汽进行重油热采的构想。

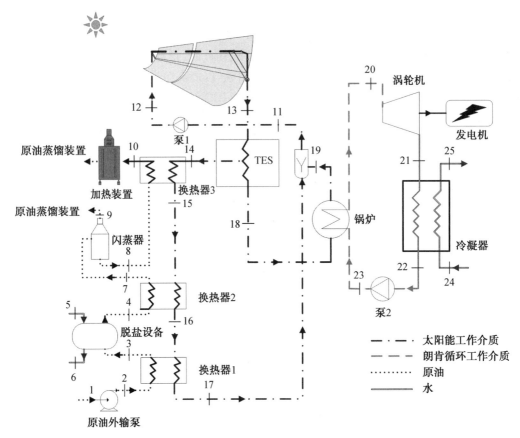

图 1.3　太阳能预热原油系统

注:图中单独的数字标注代表阀门。

我国在 2000 年左右进行了太阳能光热技术油气田应用。贾庆仲设计了辽河油田兴隆台采油厂 47# 站太阳能加热输送石油系统方案,论证了采用太阳能集热器间接加热原油的可行性。钱剑峰等结合油田用热特点提出了太阳能－污水源热泵系统,利用太阳能和含油污水余热联合加热原油,建立了简化的系统数学模型。 裴峻峰等基于Matlab/Simulink 软件建立了太阳能集热器耦合高温水源热泵联合加热原油的数学模型,分析了太阳能与热泵联合供热系统的运行特性及经济效益。高丽对江苏油田某储油罐太阳能加热系统进行了试验研究,发现在日照充足月份,太阳能加热系统可为储油罐提供全部热负荷,其余月份则由电加热辅助完成。艾利兵提出了单井储油罐原油加热系统,通过计算储油罐热负荷确定了太阳能集热器面积及静态投资回收期。孙会珍等提出了一套太阳能加热原油自动控制系统,以信息技术调控原油加热网络系统运行,发现该系统可使罐出口原油温度保持在 55 ~ 60 ℃,单井月节电量 3×10^4 kW·h。王学生等设计了一套太阳能加热原油输送系统,该系统可以提高原油温度 25 ~ 30 ℃,减少天然气使用量 9×10^4 m³/ 年。

目前研究多侧重于工程技术试验或简化理论分析,有关系统能流分布及其单体流动传热耦合影响研究较少。太阳能集热器热利用的时效性、相变储热的"移峰填谷"及原油维温用能动态波动导致太阳能协同储能原油维温是复杂能流输运问题。因此,尚需深化分析该系统所涉及的浮顶油罐内原油流动传热、相变储热及太阳能集热器热利用等核心问题,研究这些问题对优化系统运行效果的影响。

1.2.2　浮顶油罐内原油流动传热研究现状

静储温降和加热维温是浮顶油罐内原油日常管理的重点。静储温降工况是计算原油热负荷、合理设计太阳能原油维温系统的前提,加热维温工况是校验太阳能原油维温系统运行效果的关键,二者均涉及原油的流动传热,因此本书主要对静储温降和加热维温工况下的浮顶油罐内原油流动传热研究进行阐述。

1. 静储温降工况

原油在静储过程中与外界环境进行热交换,原油温度逐渐降低,影响浮顶油罐的运行管理。国内外学者对静储过程原油流动传热的研究主要包括试验和数值模拟。

Wang 等测量了 10×10^4 m³ 双层浮顶油罐内原油温降情况(测温点布置如图 1.4 所示),发现垂直方向油温近似平行分布,罐顶处原油温度受外界环境影响较大,且析蜡量明显影响原油温降。Yang 等搭建了 10×10^4 m³ 双层浮顶油罐测温系统,测量了静储与收发油等工况下的油温。于达等将停止加热后罐内原油温降过程分为整体快速温降阶段(发生在储油初期)、凝油层增长阶段(发生在储油 $4 \sim 5$ d 后)及整体低速温降阶段(罐内原油无自然对流后)。王明吉等在大庆油田某 5×10^4 m³ 储油罐内安装了一套原油温度实时监测报警装置,分析了罐内油品液位、油温、环境温度等对原油温降速率的影响。李超等测试了 10×10^4 m³ 浮顶油罐原油温度场,发现当环境温度高于原油温度时,原油呈现核心同温油区;当原油温度高于环境温度且无凝油情况时,罐内原油温度分布均匀。朱秀峰等研制了一套原油温度实时监测、超温预警和报警装置,并在 5×10^4 m³ 储油罐中布置了 45 个监测点,监测结果表明环境温度对原油温度的影响深度为 $0.5 \sim 0.8$ m;原油温度沿纵向靠近罐顶逐渐降低,罐体热损失以罐顶为主;冬季罐顶处存在厚度大于 15 cm、温度高于 25 ℃ 的凝油层,且因凝固原油导热系数较小,凝油层的存在可以降低罐顶热量损失,起到保温作用。

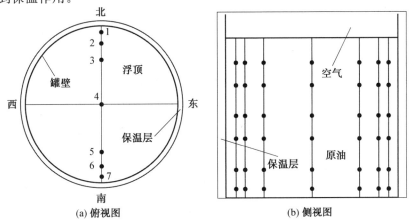

图 1.4　浮顶油罐内测温点布置示意图

Pasley 等搭建了一座直径 6.1 m、高 2.35 m 的微型化油罐,测试了风速对空载、50% 原油量、75% 原油量 3 种油罐负载情况下原油温度的影响。Rejane 等对直径 0.42 m、高 0.57 m 的储油罐内热油进行了层化分析,数值研究了静储过程储油罐内原油的温度场和速度场。Mawire 评估了小型储油罐在收发油过程中热分层的影响,结果发现随着热分层开始,热力梯度先增加至最大值后下降;数值分析了环境温度和热损失系数对储油罐热力梯度的影响,发现较低的环境温度和热损失系数会增加储油罐热力梯度。任红英对比分析了模拟罐与大型浮顶油罐的温降特性和温度分布相似程度,指出采用模化实验方法研究模拟罐原油温降特性时,需保证介质物性参数与实际油罐满足相似原理,这与朱作京等的研究结果一致。

Oliveski 采用有限容积法数值模拟了瑞利数 $Ra = 2.7 \times 10^8$、高径比 $A_c = 2.0$、传热系数 $\hat{U} = 3.0$ 的罐内原油温降过程,获得了其温度场和速度场。Vardar 数值分析了高温燃油储油罐的收油过程,采用 $k - \varepsilon$ 模型解决低 Re 湍流效应,利用瞬态流函数 — 涡度法分析原油流线和温度分布,研究了入口速度和加热工况等因素对原油流线、等温线和瞬态平均温度的影响。Wang 等考虑原油非牛顿特性及蜡相变影响,建立了双层浮顶油罐内含蜡原油流动传热模型,评估了油品温度、湍流动能及湍流黏度等参数的影响,分析了浮顶油罐罐顶、罐底及罐壁热流分布。Li 等分析了浮顶类型、罐壁绝缘层厚度和太阳辐射的影响,发现当原油温度高于环境温度时,罐内原油以自然对流为主,反之则以热传导为主;双层浮顶比起单层浮顶具有更好的保温能力,增加保温层厚度可提升原油保温性能,削弱环境变化对原油温降的影响。Wang 等基于焓 — 多孔介质理论描述含蜡原油的析蜡和胶凝过程,采用幂律方程描述原油非牛顿性,采用大涡模拟方法(large eddy simulation,LES)描述原油湍流自然对流,研究了单双板浮顶油罐内的原油温度场和流场。Zhao 等基于有限体积法数值分析了含蜡原油胶凝过程,结果表明传热方式和边界条件影响原油温度分布;此外,Zhao 等基于偏相关和灰色关联度分析法,研究了浮顶油罐高度、半径等因素对原油静储温降的影响(浮顶油罐物理模型简化过程如图 1.5 所示)。Sun 等建立了浮顶油罐内原油瞬态流动传热数学模型,分析了大气温度、太阳辐射等因素对静储过程原油温度场和速度场的影响。宇波等建立了二维浮顶油罐传热模型,开发了多区域耦合求解的 SIMPLE 算法程序,通过现场实测数据对比验证模型准确性,研究了太阳辐射、罐壁保温层厚度等因素对原油温度的影响,分析了罐顶、罐底凝油层和罐体边界传热量变化规律。

2. 加热维温工况

浮顶油罐内原油加热维温用以防其凝固影响输送,其中盘管加热是一种被广泛采用的原油维温方法。通常,加热盘管被置于浮顶油罐底部,加热盘管附近原油受热产生局部对流进而加热罐内原油。

陆雅红等数值研究了 10×10^4 m³ 浮顶油罐内蒸汽盘管加热原油的温升过程,分析了盘管位置和盘管外径尺寸对原油温度分布和罐体散热的影响。刘佳等建立了 10×10^4 m³ 浮顶油罐内管式加热含蜡原油传热模型,模拟了 18 种工况下罐内原油流场和罐壁附近原油温度分布,分析了原油液位高度与蒸汽流量的影响。Magazinovic 建立了盘管组加热的燃料舱传热模型,分析了舱内重油加热温度场、流场及盘管组对流传热系数的影响,评

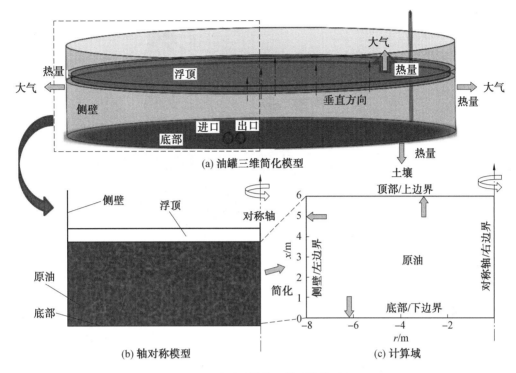

图 1.5 浮顶油罐物理模型简化过程

估了盘管组布置方式对舱内重油加热效果的影响。Sun 等数值研究了原油加热过程中蒸汽盘管结构对原油温度场与流场的影响,分析了原油加热过程的能量有效利用效率,提出了盘管加热的优化方法(浮顶油罐传热方式如图 1.6 所示)。Wang 等研究了普朗特数 $Pr=354.3$、瑞利数 $Ra=1.0\times10^6$ 和斯坦顿数 $St=0.371$ 下含蜡原油的融化特性,分析了析蜡分数和非牛顿性对原油融化过程的影响。Zhao 等采用有限体积法数值研究了管式加热和热油循环两种原油加热方式的浮顶油罐内原油传热特性,分析了温度场的演变与流型的关系,并指出热油循环适用于矿场原油库等中转油库,管式加热适用于较小油库。刘凤荣分析了加热管直径、加热管数量、加热管间距等因素对罐内原油温度场和流场的影响,指出管式加热的加热顺序依次为加热管周围、罐壁附近、罐顶附近与罐中心区域。王敏等考虑含蜡原油融化形态与流变影响,建立了盘管组加热浮顶油罐内含蜡原油湍流融化传热模型,采用浸入边界法在结构化网格上处理盘管组与含蜡原油耦合问题,分析了盘管组倾角对含蜡原油融化的影响,指出含蜡原油融化过程包括融化和温升两个阶段,定性分析了两阶段原油温度场与流场变化规律。

由上述内容可看出,目前研究多侧重于原油参数、环境参数和热媒参数等因素分析,此类研究一定程度上明晰了原油温变期间的流动传热特性。现有管式加热方式多以水平光管为主,光管加热管束换热能力有限导致加热效率偏低。强化光管加热管束换热能力可采取增加热媒与原油温差、增加表面传热系数和增加换热面积等手段。当增加热媒与原油温差时,需提高加热管内热媒温度,热媒品位提升则消耗更多能源;当增加表面传热系数时,一般采用搅拌装置强化原油与加热管间对流换热,但受工作条件与结构形式限

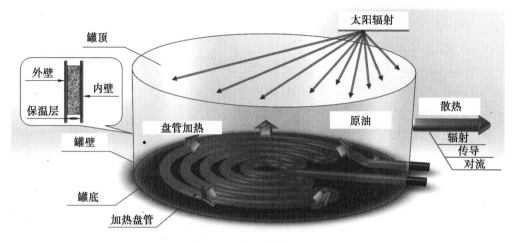

图 1.6 浮顶油罐传热方式

制。相对来说,增加加热管束传热面积(翅片)强化原油传热性能为一种经济可行的方案,但增加加热管束传热面积会引起其结构异化,翅片管束局域原油流动传热特性不同于光管管束,这会影响大空间内原油流动传热。因此,有必要开展浮顶油罐内翅片管束加热原油流动传热特性研究,揭示翅片参数影响规律,为强化原油加热维温效果提供理论基础。

1.2.3 相变储热技术研究现状

为解决太阳能时效性与能源供需动态变化不匹配问题,相变储热技术应运而生,其在提升能源消纳率、平抑负荷波动方面前景明朗,亦是发展太阳能协同储能原油维温技术的关键一环。相变储热单元作为相变储热技术的关键部件,其核心是 PCM 的相变过程控制,而明晰相变流动传热特性是开发和优化相变储热单元的关键。

1. 相变流动传热特性

物质从某一相向另一相转变的过程称为相变,包括气液相变、气固相变、固固相变和固液相变。固液相变因其相变过程温度基本恒定、相变潜热大等优点,在空调制冷、绿色建筑、太阳能发电、航天热控等领域广泛应用。PCM 可分为有机 PCM、无机 PCM 和混合 PCM。在工程应用中,PCM 选择标准主要为其热物理性质,如相变温度和潜热值。图 1.7 所示为不同种类 PCM 熔化潜热与相变温度关系。

根据研究方法不同,相变流动传热特性的研究分为理论分析、试验和数值模拟。由于相界面具有动态演化及强非线性特征,流动传热控制方程异常复杂,理论分析相变流动传热问题难度巨大。试验和数值模拟是相变流动传热问题的主要研究方法。

试验研究可以真实地呈现相变过程,揭示客观物理规律或发现新现象,其研究结果可验证理论分析和数值模拟的可靠程度。在相变储热系统／单元等核心部件中,管壳式相变储热器是最常见的类型之一。Fadl 等设计了一种紧凑式管壳换热器,选用熔点 41～43 ℃ 的 RT44HC 作为 PCM,试验分析了传热流体(heat transfer fluid,HTF)入口流速、入口温度对 PCM 熔化和凝固阶段的传热性能影响。Rahimi 等以水和 RT35 分别作为

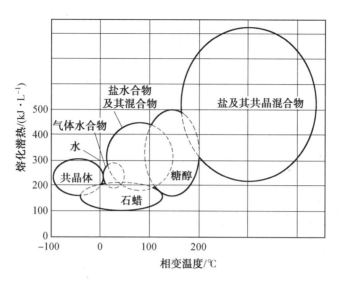

图 1.7 不同种类 PCM 熔化潜热与相变温度关系

HTF 和 PCM,试验研究了螺旋管管径和 HTF 入口温度对 PCM 平均温度、努塞尔数、㶲效率和熵产数的影响。结果表明:相比于 50 mm 螺旋管径下,90 mm 螺旋管径下 PCM 熔化时间缩短了 72.6%。Kousha 等分析了多管换热器内 RT35 作为 PCM 的熔化和凝固过程,研究了管数量和 HTF 入口温度对熔化前端、热流量和努塞尔数的影响。结果发现:当入口温度为 80 ℃、管数为 4 时,熔化和凝固时间较单管分别缩短 43% 和 50%。Shirvan 等提出了一种余弦波纹管结构设计方法,并结合响应面法(response surface methodology,RSM)优化设计参数,从传热性能与经济效益角度论证了余弦管应用于管壳式相变储热单元的优势。图 1.8 所示为 HTF 和 PCM 温度、余弦波纹管结构和多管相变换热器试验装置。Seddegh 等试验研究了几何参数(管壳半径比)和操作参数(HTF 入口温度和流速)对垂直圆柱管壳换热系统传热特性的影响,发现管壳半径比为 5.4 时可在短时间内获取较多储热量;相比于 HTF 入口流速,HTF 入口温度对储热性能影响更大。Longeon 等搭建了一个可视化管壳换热器试验装置,发现 HTF 注入方向和自然对流对 PCM 熔化前端演化过程影响明显,建议储热阶段 HTF 应从管壳换热器顶部注入,释热阶段 HTF 应从管壳换热器底部注入。Hasan 等以棕榈酸、硬脂酸为 PCM,试验研究了管壳换热器传热特性,发现相比于垂直放置,水平放置的管壳换热器相变速率更快。段文军和陆勇搭建了相变蓄热谷电利用装置性能试验平台,PCM 选用十二水硫酸铝铵($NH_4Al(SO_4)_2 \cdot 12H_2O$),分析了 HTF 流量及流向和串联盘管数对管壳式蓄热箱体的蓄释热性能影响。结果表明:蓄热过程中,PCM 温升特性主要受热源距离、PCM 初温和自然对流等因素影响;释热过程中,采用顺连低流量和增加串联盘管数可强化管壳式蓄热箱体的释热性能。

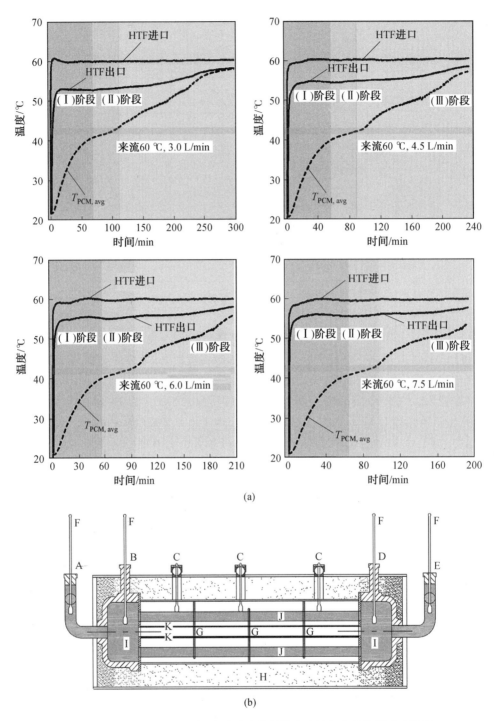

(a)

(b)

图 1.8　HTF 和 PCM 温度、余弦波纹管结构和多管相变换热器试验装置

A— 热水入口；B— 冷水出口；C— 热电偶；D— 冷水入口；E— 热水出口；

F— 温度计；G— 挡板；H— 绝缘；I— 集管；J— 管子；K— 拉杆

相比于试验研究，PCM 数值模拟在降低试验成本和提高效率等方面优势明显。

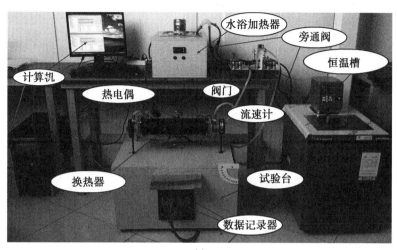

(c)

续图 1.8

Kalapala 和 Devanuri 基于 CFD 软件研究了管壳式相变储热单元内 PCM 流动传热特性,采用焓—多孔介质法将相变糊状区处理为多孔介质,采用 Boussinesq 近似处理 PCM 自然对流问题,分析了 St、Ra、Re、长宽比 L/D、热扩散率 a 和管厚与管径比 δ 等参数对 PCM 流动传热的影响。Mehta 等对比研究了水平和竖直放置两种情况下管壳相变换热器的传热性能,发现水平管壳相变换热器内 PCM 受自然对流影响,上半部分 PCM 熔化速率快于下半部分;竖直管壳相变换热器内 PCM 熔化前端沿竖直方向以圆锥形移动,且上半部分熔化速率较快;低热负荷时,水平管壳相变换热器在熔化速率方面更具优势。Seddegh 等对比研究了管壳相变换热器在储热和释热过程中的传热特性。储热过程中,水平管壳相变换热器中的平均 PCM 温度和液相分数高于垂直管壳相变换热器,其传热性能较优;释热过程中,两种放置方式无显著性差异;HTF 进口温度对管壳相变换热器的传热影响较大,而 HTF 流量影响较小。Pahamli 等建立了三维管壳相变换热器传热模型,分析了换热管偏心率和 HTF 入口流速与入口温度等参数对 PCM 流动传热特性的影响,发现增加偏心率可以提高熔化末期的 PCM 传热速率与平均温度,在偏心情况下 HTF 入口流速对 PCM 传热速率影响较小。Elsanusi 等研究了不同排列方式水平管壳相变换热器内 PCM 的熔化传热特性。结果表明:只考虑热传导时,平行排列方式可使 PCM 熔化时间缩短 40%;与单一布置方式相比,串联排列方式可使 PCM 完全熔化时间缩短 15.5%,储热容量增加 25%。Shen 等分析了倾斜侧面角度对垂直管壳相变换热器储热性能的影响,发现增加倾斜侧面角度可以强化 PCM 熔化传热性能,但对凝固过程不利。Agyenim 等数值研究了多管阵列储能系统的传热性能,发现对于单管系统和多管阵列系统,PCM 中轴向温度梯度分别是径向温度梯度的 2.5% 和 3.5%。Taghilou 等发现提高热源温度正弦函数周期,PCM 液相分数增加,而对流传热系数对 PCM 液相分数影响较小。

　　PCM 因其储能密度大、充放热过程温度稳定而受到关注,但有机 PCM 和无机 PCM 导热系数均较低[0.2 ～ 0.4 W/(m・K)],导致相变储热系统换热效率低,无法快速地储存和释放热量。

2. 强化相变传热

提高 PCM 的导热系数是改善相变储热单元储释热效率的关键,而强化相变传热的措施主要有 4 种:增加换热面积、添加高导热系数材料、采用微胶囊封装技术和采用联合强化传热技术,如图 1.9 所示。

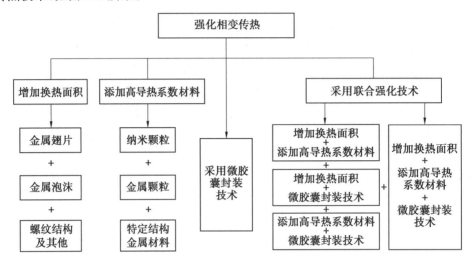

图 1.9　强化相变传热的 4 种措施

（1）增加换热面积。

增加换热面积主要通过相变换热管添加翅片或 PCM 内置金属泡沫来实现。Vogel 等数值研究了管壳式相变储热单元内 PCM 传热特性,发现翅片间距、翅片高度对自然对流产生明显作用,存在临界翅片间距和翅片高度对强化传热效果显著。马预谱等发现铝翅片强化石蜡储热性能效果优于泡沫金属铜,泡沫金属铜强化储热密度效果优于铝翅片。韦攀等对环形管填充泡沫金属强化相变蓄热进行可视化试验,发现金属泡沫可以显著提升蓄热效率,实现相同蓄热时纯石蜡管所需时间是金属泡沫管的 2.9 倍。杨佳霖等研究了石蜡和泡沫金属铜－石蜡复合材料熔化过程相界面位置演化和温度分布,发现添加泡沫金属可以降低石蜡内部温差,提高温度均匀分布程度,缩短相变时间,改善相变蓄热单元底部存在熔化死区和顶部过热问题。

（2）添加高导热系数材料。

PCM 添加高导热系数材料可提高其平均导热系数,提升相变换热器传热性能。常见的高导热系数材料包括纳米颗粒、金属颗粒及特定结构金属材料等。

Müslüm 等研究了方腔内含纳米 Al_2O_3 石蜡的熔化传热情况,发现体积浓度为 1% 时强化传热效果明显,其熔化速率和储热量分别提升 6.7% 和 10.6%。华维三等利用 Hot Disk 热物性分析仪测试了含纳米 Fe 石蜡的导热系数,发现含质量分数 0.1% 纳米 Fe 的固相石蜡导热系数较固相纯石蜡提升了 2.8 倍。Yang 等发现石蜡添加体积分数为 0.000 5% 的纳米 ZnO 和 CuO 颗粒时导热系数分别提升 5.87% 和 13.12%（含纳米 ZnO 石蜡和含纳米 CuO 石蜡样品如图 1.10 所示）。康亚盟等采用两步法制备了纳米 Cu－石蜡、纳米 CuO－石蜡、纳米 Ag－石蜡和纳米 C－石蜡复合相变蓄热材料,利用 Hot Disk

热物性分析仪测量了其导热系数,发现添加纳米 Cu 的石蜡导热系数增幅最大,其固相和液相的导热系数较纯石蜡分别提高了 7.9％ 和 3.8％。Sari 等试验发现膨胀石墨质量分数为 10％ 时,含膨胀石墨的 PCM 复合材料性能稳定,其有效导热系数比纯石蜡高 4 倍。Karaipekli 和 Yin 等发现石蜡中膨胀石墨的质量分数不宜超过 6.25％,因为过多的膨胀石墨会导致复合材料内部形成空腔,降低复合材料的有效导热系数。

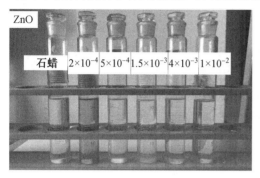 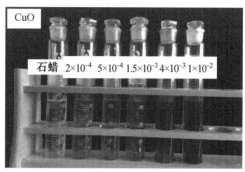

图 1.10 含纳米 ZnO 石蜡和含纳米 CuO 石蜡样品

注:图中数字代表体积分数,单位 ％。

（3）采用微胶囊封装技术。

微胶囊封装是指将相变材料封装在直径为 $1 \sim 1\,000\ \mu m$ 的容器内。由于微胶囊的比表面积(即换热面积与体积之比)很大,微胶囊与流体换热效果明显。

张凯等采用自组装法制备了以碳酸钙为壁材、正十八烷为芯材的相变微胶囊,测量发现相变微胶囊导热系数相比于正十八烷可提升 497.3％。张艳来等以石蜡为芯材、以树脂材料为壁材,与水混合制备成相变微胶囊流体,数值研究了相变微胶囊相变过程的储热蓄热特性,发现相变微胶囊促进了流体的自然对流,强化了换热强度。Tumuluri 等试验研究了相变微胶囊流体湍流流动传热特性,发现添加直径 $60 \sim 100\ nm$、长度 $0.5 \sim 40\ \mu m$ 的多壁碳纳米管(CNTs)后相变微胶囊流体导热系数提升了 8.1％,对流传热增强了 25％。Sun 等采用原位聚合法制备了以正十八烷为芯材、三聚氰胺－尿素－甲醛(MUF)为壁材,添加 O_2 等离子体修饰的多壁碳纳米管的正十八烷@MUF 微胶囊,研究了添加改性 CNTs 到乳液体系或聚合物体系对微胶囊性能的影响。结果显示聚合物体系添加改性 CNTs 后微胶囊导热系数提高了 225％。Wang 等发现片状石墨、膨胀石墨、石墨纳米微片的质量分数分别为 20％、20％、10％ 时,相变微胶囊的导热系数显著提高,添加质量分数 20％ 石墨纳米微片的石蜡 @$CaCO_3$ 相变微胶囊的导热系数为 $25.81\ W/(m \cdot K)$,较纯石蜡提升了 70 倍。Yang 等以正十八烷为芯材,在聚甲基丙烯酸甲酯(PMMA)壁材中添加改性 Si_3N_4,合成了正十八烷 @PMMA 相变微胶囊,结果表明当添加 $10\ g\ Si_3N_4$ 时相变微胶囊的导热系数提高了 56.8％。Wang 等发现与三聚氰胺－甲醛(PMF)相变微胶囊相比,添加质量分数 7％ 纳米 SiC 的相变微胶囊的导热系数提高了 60.34％。Yuan 等将质量分数为 10％ 的相变微胶囊颗粒(石蜡 @SiO_2 和石蜡 @SiO_2/GO,GO 为氧化石墨烯)分散到水中制备得到相变浆体,并研究其光热转换性能,结果发现石蜡 @SiO_2 和石蜡 @SiO_2/GO 微胶囊颗粒悬浮液的导热系数相比于纯水分别提高 6.5％ 和 8％,石蜡 @ SiO_2/GO 微胶囊颗粒悬浮液在光吸收与光热转换方面性能较优。

（4）采用联合强化传热技术。

将两种或两种以上的强化传热技术结合起来改善相变储能系统的整体热性能,是目前较为新颖的方法。

Khan 等采用内置翅片和添加纳米石墨烯的方法强化管壳相变换热器内 PCM 传热性能,结果发现:翅片几何参数和纳米石墨烯体积浓度对 PCM 相界面、自然对流和换热性能均有显著影响;与添加纳米石墨烯相比,添加翅片具有更好的传热性能;与圆形翅片、纵向翅片和纳米石墨烯相比,绕线翅片使 PCM 熔化速率分别提高 20.95％、35.96％ 和 89.94％;纳米石墨烯体积浓度为 1％ 时 PCM 传热性能最佳。Ren 等采用浸入边界－晶格 Boltzmann 方法(IB－LBM),研究纳米颗粒－金属泡沫复合强化热管辅助相变储热单元内 PCM 熔化的传热特性,发现金属泡沫比纳米颗粒更能有效提高 PCM 的传热性能。Xie 等试验发现含金属泡沫铜石蜡中使用厚度 1 mm 的翅片,其有效导热系数是纯石蜡的 42.2 倍。Wu 等试验研究了高温下 PCM 添加金属泡沫和膨胀石墨的传热性能,发现多孔结构会削弱复合相变材料自然对流和降低复合相变材料的储热容量。

PCM 的传热性能与储热性能相互影响,现有相变储热研究侧重于强化传热或储热单一方面,统筹考虑强化传热与储热的协同研究较为缺乏。此外,太阳能原油维温系统运行过程要求相变储热单元具有快速储热／取热能力与高储热容量,以满足原油维温热响应需求。

1.2.4 太阳能集热器热利用研究现状

1. 太阳能集热器分类

太阳能集热器是一种将太阳辐射能转换为热能的设备。由于太阳能比较分散,必须设法把它集中起来,太阳能集热器是各种太阳能利用装置的关键部分。光热产业经过几十年的发展,目前太阳能光热系统的核心元件——集热器也已呈现产品多样、类型多样、系统多样的格局,按其是否聚光这一最基本的特征来划分,可以分为聚光太阳能集热器和非聚光太阳能集热器两类。

聚光太阳能集热器的集热面积大于吸收太阳辐射能的吸热面积,其将收集到的太阳辐射能汇聚在面积较小的吸热面上,且需要跟踪太阳,以获得较高的温度。聚光太阳能集热器主要有聚光器、吸热器和跟踪系统三大部分。

非聚光太阳能集热器的集热面积与吸收太阳辐射能的吸热面积相等,其能够吸收利用太阳直接辐射和间接辐射,不需要跟踪装置,结构简单、维护方便。由于它不具有聚光功能,因此吸热面上的热流密度较低,一般用在工作温度为 100 ℃ 以下的低温热利用系统中。非聚光太阳能集热器是目前建筑太阳能热利用中使用最普遍、数量也最多的集热器,其发展历程大致可分为闷晒型太阳能热水器、平板型太阳能集热器、真空管型太阳能集热器三个阶段。

按照集热器的工作温度范围来划分,太阳能集热器可以分为中高温太阳能集热器和中低温太阳能集热器。中低温太阳能集热器主要包括真空管型太阳能集热器(以下简称真空管集热器)（evacuated tube solar collector，ETSC）和平板型太阳能集热器（以下简称平板集热器）。真空管集热器包括全玻璃真空管集热器和玻璃－金属结构型真空管集热器，其中全玻璃真空管集热器根据使用方式又可细分为三种：直插式全玻璃真空管集热器、U 形管式全玻璃真空管集热器、热管式真空管集热器。平板集热器按吸热体结构可分为管板式、翼管式、扁盒式和弯曲式，一般吸热体传热工质流道多为并联式流道，而弯曲式平板集热器则为串联式流道。中高温太阳能集热器可以分为槽式太阳能集热器、塔式太阳能集热器、碟式太阳能集热器和 CPC 热管式真空管集热器。

下面对其中几种集热器进行详细介绍。

（1）平板集热器。

图 1.11 为平板集热器热流向图。

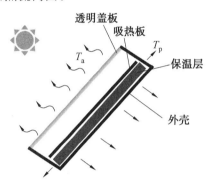

图 1.11　平板集热器热流向图

平板集热器的基本结构由透明盖板、吸热板、保温层和外壳组成。

工作原理：当太阳光透过透明盖板照射到表面涂有吸收涂层的吸热板上时，吸热板吸收太阳的辐射能，将其转化成热能，并将热能传给吸热板流道内的工质，使流道内的工质温度升高；从集热器进口进入吸热板的较低温度的工质，在吸热板流道内被加热升温后，从集热器出口流走，并将有用的热能带走；与此同时，吸热板温度升高，通过透明盖板和外壳向周围环境散失热能。为减少散热，在平板太阳能集热器底部和边框四周填充保温材料。

平板集热器的主要热损失是吸热板和透明盖板之间的空间存在的空气对流换热损失。减少这部分热损失最有效的措施是将其间的空气抽去，形成真空。但由于平板集热器的结构和形状等原因，这一措施一时还难以实现，因此，平板集热器只能运行在 60 ℃以下的工作温度，运行温度较高时，集热效率明显降低。在冬季，环境温度较低，平板集热器的热损失较大。

优点：钢化玻璃透明盖板强度高，耐撞击性能好，安全运行系数高；与建筑容易结合；工质在集热器铜管内，可承压运行。

缺点：吸热板和透明盖板之间无法抽真空，其热损系数是真空管集热器的 3 ～ 5 倍，热损较大；不具备跟踪功能，阳光斜射时集热面积迅速减小，得热量下降加快。

（2）真空管集热器。

由若干支真空管按一定规则排成阵列，与联集管、尾架和反射器等组装成的太阳能加热器模块称为真空管集热器。由于真空管采用真空保温,散热损失比起平板集热器显著减小,工作温度在 60 ℃ 以下时,仍具有较高的热效率,在寒冷的冬季仍能集热,并有较高的热效率。

① 直插式全玻璃真空管集热器(普通型)。

图 1.12 为真空管接收光照示意图。

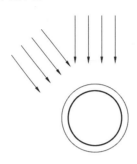

图 1.12　真空管接收光照示意图

全玻璃真空管由玻璃管(内管)、太阳能吸收膜、真空夹层、外玻璃管(外管)、支撑卡子、吸气剂组成。当太阳光透过外玻璃管照射到内管外壁时,镀有选择性涂层的内管外壁将太阳能转变成热能,并传给内管中的工质。由于内、外管之间被抽成了真空,再加上选择性涂层对太阳光具有高吸收率、低红外发射率,因此最大限度地减少了散热损失。

普通平板集热器的热损系数为 6～8 W/(m²·℃),采用选择性涂层的平板集热器其热损系数只能降到 4～5 W/(m²·℃),而全玻璃真空管的热损系数都在 0.9 W/(m²·℃)以下,远小于平板集热器。因此,全玻璃真空管的空晒温度可以达到 200 ℃ 以上。全玻璃真空管在中、高温区域具有较高的集热效率,同时在 −18 ℃ 的温度下仍能正常产生热水。

优点:太阳能集热效率高、成本低,对系统要求不高,安装方便,因此广泛应用于建筑热水供应系统。

缺点:严禁在空晒状态下补水,以避免炸管;真空管破碎后管内介质泄漏;真空管与联集管采用橡胶密封,不能承压运行;系统抗冻性能差,防冻要求较高。

这种系统主要使用于低端家用系统、低端小工程和防冻要求不高的地区。

②U 形管式全玻璃真空管集热器。

图 1.13 为 U 形管式真空管结构及传热示意图。

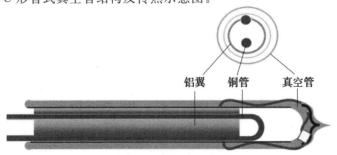

图 1.13　U 形管式真空管结构及传热示意图

工作原理:在太阳光照射下,全玻璃真空管内管吸收太阳辐射能,内管内壁及内管内的空气被加热达到较高的温度,铝翼将热能传递给 U 形铜管外壁,再传给 U 形铜管内的液体介质,通过联集管内液体介质的循环流动将热能带走。

优点:真空管内无液体,不存在炸管泄漏问题;可承压运行;运行安全系数高;安装简单,可任意摆放。

缺点:热效率显著较低;成本显著较高,但总体性价比相比于平板集热器和玻璃—金属结构型真空管集热器仍有优势;系统阻力大,循环介质容易过热汽化;系统经两次换热,升温速度较直插式集热器稍慢。

这种系统在我国多用于一些高端工程、高档住宅的分体式热水系统等。

③ 热管式真空管集热器(小热管集热器)。

热管式真空管是在全玻璃真空管内插入一根金属热管。热管吸热端与真空管内壁通过铝翼紧密结合,热管冷凝端插入联集管内,联集管外用保温材料保温,联集管左右留有介质进出管口。

图 1.14 为热管式真空管结构及传热示意图。

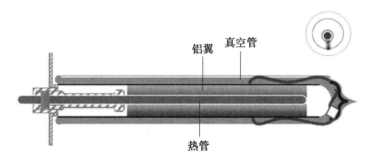

图 1.14 热管式真空管结构及传热示意图

工作原理:在太阳光照射下,全玻璃真空管内管吸收太阳辐射能,内管内壁内的铝翼被加热,铝翼将热能传递给热管吸热端,再通过热管传到热管的冷凝端,热管冷凝端再将热能传给联集管中的介质。

优点:真空管内无液体,不存在炸管泄漏问题;可承压运行;运行安全系数高;安装容易、简单。

缺点:热效率显著较低,冬季效果更差;成本显著较高;系统经两次换热,升温速度较直插式集热器稍慢。

这种系统在我国多用于一些高端工程,以及高档住宅、别墅的分体式热水系统等。

④ 玻璃—金属结构型真空管集热器。

玻璃—金属封接式真空管的结构与全玻璃真空管相似,不同点是全玻璃真空管的吸热体是玻璃管,而玻璃—金属封接式真空管的吸热体是金属吸热片;全玻璃真空管的吸热体(内管)与外管是靠玻璃与玻璃熔封在一起,而玻璃—金属封接式真空管的吸热体与外玻璃管是靠玻璃与金属封接在一起的。由此可见,全玻璃真空管采用玻璃与玻璃熔封,其加工技术和工艺相对比较简单,成本低,但玻璃吸热体易破碎,可靠性差。玻璃—金属封接式真空管采用玻璃与金属封接,由于玻璃与金属的热膨胀系数不同,在封接技术方面较为困难,因而工艺技术复杂、成本高,但金属吸热体具有稳定、可靠、可承压、耐冷热冲击等优点。

图 1.15 为玻璃－金属封接式真空管结构示意图。

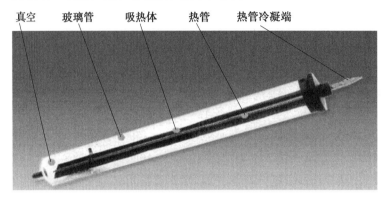

图 1.15　玻璃－金属封接式真空管结构示意图

目前,我国生产的玻璃－金属结构型真空管集热器主要有热管式和直流式两种。本书所讲玻璃－金属结构型真空管集热器指的是玻璃－金属封接式大热管真空管集热器,其工作原理是:太阳光透过玻璃管照射到金属吸热板上,涂有选择性涂层的吸热板将太阳辐射能转变成热能,吸热板上的热管吸热端吸收热能后,热管介质汽化并上升到热管冷凝端,热管冷凝端将热能传给铝传热块,铝传热块再传给铜联集管内的介质。

优点:在 80 ℃ 左右的工作温度段仍具有较高的热效率;系统可直接用水作为传热工质,且大热管与联集管拆卸方便,安装和维护简单;系统传热工质仅在联集管内流动,系统阻力小,不易过热,运行可靠;系统可承压运行,不存在炸管泄漏问题。

缺点:制造工艺复杂,技术含量高,成本较高;端口是玻璃与金属封接,反复加热时封接口易破裂,因此使用寿命短;不具备对太阳光的准跟踪功能,效率不够高;冷凝端易产生不凝气体,阻碍传热的进行,降低效率。

这些因素导致了玻璃－金属结构型真空管集热器的使用范围相对较小,市场占有率不高。

(3) 聚光太阳能集热器。

聚光太阳能集热器是利用反射镜、透镜或其他光学器件将进入集热器采光口的太阳光线改变方向并聚集到吸热器上,从而进行供热、发电的装置。这种太阳能集热器通过凹面反射镜或透镜将太阳辐射能汇集到较小的面积上,从而使单位面积上的热流量增加并且减小了吸热器和环境之间的换热面积,提高了工质温度和集热器热效率,缺点是只能接收直射辐射,且需要跟踪系统配合,从而导致成本增加。聚光太阳能集热器主要用于太阳能热发电、太阳能制氢、太阳炉和双效 LiBr-H_2O 吸收式制冷系统等,属于中高温集热器的范畴。

下面介绍几种典型的聚光太阳能集热器。

① 槽式太阳能集热器。

槽式太阳能集热器(图 1.16)是借助槽形抛物面反射镜将太阳光聚焦反射在一条线

上,在这条线上布置安装有集热管,用于吸收太阳光聚焦反射后的太阳辐射能,通过管内热载体将管内流体加热直接利用,或将管内流体加热成蒸气,推动汽轮机,借助蒸气动力循环发电的清洁能源利用装置。槽式太阳能集热器的聚光比在 10 ～ 100 范围内,温度最高可达 400 ℃。

图 1.16 槽式太阳能集热器

槽式太阳能集热器由支架、跟踪装置、反射镜、集热管、循环系统五部分组成。反射镜一般用玻璃制造,背面镀银并涂保护层,也可用镜面铝板或镜面不锈钢板制造反射镜,反射镜安装在反射镜托架上。槽形抛物面反射镜可将入射太阳光聚焦到过焦点的一条线上,在这条线上装有集热管,可绕轴旋转。槽式太阳能集热器的跟踪装置一般采用东西轴向布置,只需定期调整仰角,机构简单方便但效率较低;也可南北轴向布置,单轴跟踪阳光,需配置自动跟踪控制系统,效率较高;如果集热器转轴与地球转轴平行则效率更高,若同时保证集热管与阳光垂直则效率最高,但结构复杂,集热管的管间连接也复杂。

槽式太阳能集热器每个部件的质量优劣都决定着系统转换效率的高低。槽式太阳能集热器理论最高转换效率为 88%(反射率 96% × 太阳能集热管转换效率 92%),但目前的技术水平仅能达到 75% 左右。槽式太阳能集热器在太阳能直射辐射 800 W/m² 时,系统最高温可达 320 ℃,在年照射 3 200 h 的环境下,系统 1 m² 集热面积每年能节电约 600 kW·h、节煤约 400 kg、节约蒸汽约 200 m³、节油约 200 kg、减少 CO_2 排放约 1 500 kg。目前槽式太阳能集热器广泛应用于太阳能发电、太阳能锅炉、太阳能空调等领域。

② 塔式太阳能集热器。

塔式太阳能集热器(图 1.17)是在空旷地面上建立一个高大的中央吸收塔,塔顶部安装固定了一个吸热器,塔周围布置有定日镜群,定日镜群将太阳光反射到塔顶吸热器的腔体内而产生高温,再将通过吸热器的工质加热并产生高温蒸汽。塔式太阳能集热器的聚光比可以达到 300 ～ 1 500,运行温度可达 1 500 ℃,总效率在 15% 以上。塔式太阳能集热器发电站属于高温热发电站。

③ 碟式太阳能集热器。

碟式太阳能集热器(图 1.18)是世界上最早出现的用于发电的太阳能动力系统。

图 1.17　塔式太阳能集热器

碟式太阳能集热器采用双轴跟踪,抛物面形碟式镜面(抛物面聚光镜)将太阳辐射能聚焦反射到位于其焦点位置的吸热器上,吸热器吸收这部分辐射能并将其转换成热能直接利用,或者推动位于吸热器上的热电转换装置,比如斯特林发动机或朗肯循环热机,进而完成发电过程,将热能转换为电能。

图 1.18　碟式太阳能集热器

④CPC 热管式真空管集热器。

复合抛物面聚光器(简称 CPC)热管式真空管集热器是一种新型的太阳能中温集热装置,其由非跟踪聚焦型的 CPC 和热管式真空管(吸热器)组成。CPC 是一种非成像低聚焦的聚光器,其根据边缘光线原理进行设计,可将给定接收角范围内的入射光线按理想聚光比收集到吸热器上。热管式真空管将光能转化为热能,再由介质带走。

图 1.19 为 CPC 热管式真空管集热器结构示意图。

CPC 热管式真空管集热器同时运用了真空技术和热管技术,显著优点是热损失少、热容量小、具有热二极管性及工作范围宽等。CPC 热管式真空管集热器结构比较简单,对聚光面线型加工精度要求不严格,但吸热器性能对集热器性能影响较大。

太阳能光热技术路线差异较大,油气田应用环境也存在较大不同。2019 年我国太阳能光热利用集热系统总销量为 $2\ 852 \times 10^4\ m^2$,其中真空管型太阳能集热系统销量为

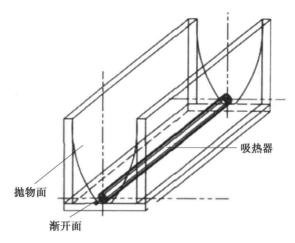

吸热器

抛物面

渐开面

图 1.19　CPC 热管式真空管集热器结构示意图

$2\ 196 \times 10^4\ m^2$,占 77%;平板型太阳能集热系统销量为 $656 \times 10^4\ m^2$,占 23%。据统计,2019 年建筑热水仍是太阳能热利用工程市场的主要应用形式,占到 90% 左右;由于太阳能采暖的不均衡性,现在太阳能采暖由户用逐渐向区域供暖和跨季节蓄热采暖发展。欧洲是世界第二大太阳能热利用市场,在欧洲平板集热器是主流,在过去的十年中,丹麦、中国、德国和奥地利在全球大型太阳能热系统的部署中发挥了领导作用。丹麦政府能源规划为 2035 年电力和采暖全部采用可再生能源,2050 年可再生能源彻底取代所有化石能源。

有分析研究认为是否存在丰富的太阳能资源对建设大型系统影响较小,因为上述四国中没有一个具有很高的太阳辐射水平。丹麦对化石燃料征税,并为热厂建立了排放交易系统。其他三个国家使用了基于投资的激励措施。有研究认为基于市场的激励措施"直接推动了建设最具成本效益的系统并最大化了太阳能产量"。

经过多年的发展,光热技术相对成熟,但在油气行业应用还处于空白,需要解决与油气田生产的安全衔接问题,同时各油气田设计、施工及管理相关经验不足,需要研究解决。

对于浮顶油罐内原油,维持其可流动,满足收发油等周转作业需求即可,原油温度一般不会太高,因此太阳能中低温热利用与原油加热维温较为适配。真空管集热器作为太阳能中低温热利用的集热设备,决定了太阳能供热效果,了解真空管集热器内介质流动传热特性是分析集热器热性能的重要条件。

2. 真空管集热器内介质流动传热研究

真空管集热器应用较为广泛,在建筑采暖、热水供应、物料干燥、路面融雪、太阳能烹饪、温室大棚、水体养殖和海水淡化等领域均有应用。真空管集热器部分应用领域见表 1.6。

Yin 等试验分析了集热器倾角、传热流体入口参数(流量和温度)和太阳辐照对真空管集热器内传热流体温度和集热量的影响。王立廷等采用可视化手段研究了横置真空管集热器内流体流动传热特性,分析了流体流动状态和真空管集热器长径比对流体传热的影响,给出了对流换热准则方程。钟建立等构建了真空管集热器内流体流动传热模型,分析了闷晒条件下真空管集热器温度场和流场的变化规律。Gaa 等研究了倾斜放置时真空管集热器内流体的流动传热特性,分析了不同瑞利数、几何尺寸、流速、加热方式和边界条件下的流体速度分布与流型。Shah 等研究了管长和入口流速对真空管集热器内流体的传热特性和速度分布的影响,发现最短管长的集热效率最高;最佳入口流量为 0.4 ～ 1 kg/min,且管内流型基本不受入口流速影响。Morrison 等建立了真空管集热器传热模型,研究发现真空管集热器较长时,集热器底部会存在"停滞区",会降低对流传热性能,对水箱温度分层产生影响,最终影响真空管集热器内流体的对流换热。

表 1.6　真空管集热器部分应用领域

应用领域	实物图或示意图	研究学者
建筑采暖		Erdenedavaa, Angrisani, Kashif
热水供应		Fernando, Maraj, Daghigh, Hazami
温室大棚		Kiyan, Hassanien

现有研究发现真空管集热器存在两个主要问题:其一,真空管集热器储热性能较差,有太阳辐照时进行光热利用,无太阳辐照时停机休业,而夜间对热能的需求远大于白天,导热热量无法持续供应;其二,在高太阳辐射强度时,真空管集热器外壁受到非均匀太阳

辐射影响,向阳侧接收太阳辐射而温度较高,背阴侧无太阳辐射而温度较低,向阳侧与背阴侧因温度梯度作用而产生较大的热应力,存在炸管风险。

3. 真空管集热器强化热性能研究

为提升真空管集热器传热性能,学者们从镀膜、结构优化、填充相变材料等角度展开了研究。

Chai 等提出了一种内聚光反射镀膜真空管集热器,分析了镀膜角度和偏心距等结构参数对真空管集热器热性能的影响,结果发现真空管集热器最佳镀膜角度为 $180°$;偏心距增大,真空管集热器热性能增强;通过强化集热器单位面积太阳辐照量及降低外层玻璃管涂层热损失,热效率较传统真空管集热器提高 10%。

Singh 等提出了一种螺旋盘管式真空管集热器,试验分析了空气流量和螺旋盘管对其传热性能的影响。研究发现,与传统真空管集热器相比,螺旋盘管式真空管集热器有较高的出口温度和热效率,其最大出口温度和热效率分别为 112.6 ℃ 和 70.9%。

Yildirim 等以水和水基纳米流体(纳米颗粒为 SiO_2、Cu、SiO_2+Cu)为传热流体,采用 Boussinesq 方法描述传热流体的自然对流,数值研究了不同传热流体对真空管集热器传热特性的影响。纳米流体真空管集热器如图 1.20 所示。结果表明,纳米流体改善了真空管集热器的传热性能,其中 Cu-水纳米流体的传热性能最佳,体积浓度 5% 的 Cu 纳米流体的传热性能与水相比提升 15%。

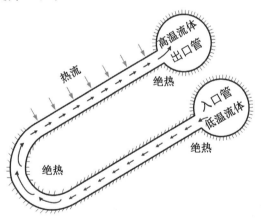

图 1.20　纳米流体真空管集热器

Olfian 等分析了纳米流体作为传热工质的研究现状,总结了纳米颗粒种类、颗粒尺寸、颗粒体积分数及纳米流体应用的研究进展,发现纳米 TiO_2、CuO 和 Al_2O_3 应用最为广泛;纳米颗粒尺寸集中在 $1\sim25$ nm、$25\sim50$ nm 和 $50\sim100$ nm,其研究占比分别为 40%、34% 和 26%;热管式集热器内应用 SWCNT(single-walled carbon nanotube)基纳米流体后热性能提升 93.43%。

Eidan 等发现真空管集热器内填充石蜡后有效集热时间和有效集热量均有提升,其集热效率提升 49.9%;含纳米 CuO 和 ZnO 石蜡真空管集热器集热效率分别提升 33.8%~45.7% 和 23.8%~26.7%。

胡旺盛等试验分析了普通 U 形管太阳能集热器和相变式 U 形管太阳能集热器的集

热性能。结果表明:与普通 U 形管太阳能集热器相比,相变式 U 形管太阳能集热器的集热效率在夏季和过渡季节分别提升 8.59％ 和 3.47％。

Feliński 等分析了真空管集热器应用 PCM 对太阳能热水系统运行特性参数的影响,测定了水箱内热水温度和生活热水系统中的太阳能保证率,提出了一种测算真空管集热器＋储热单元热性能的方法。结果发现太阳辐射强度和 PCM 温度不同,真空管集热器热效率不同,其在储热阶段的热效率为 33％～66％;太阳辐射强度不足时,真空管集热器内的 PCM 可在晚上延迟释放热量;相比于真空管集热器,真空管集热器＋储热单元的太阳能保证率提高 20.5％。

太阳能集热研究主要分为真空管集热器内介质流动传热和真空管集热器强化传热研究。针对集热器储热性能较差导致其与太阳能具有等时效性这一弊端,相关学者提出集热器内置 PCM 可提升其热性能和延长集热时间,但受相变蓄热需求和地区环境条件影响,添加与之相匹配的 PCM 是发挥集热器热性能的关键。

1.3 本书主要研究内容

本书在总结分析国内外对浮顶油罐内原油流动传热、相变储热及太阳能集热的研究现状基础上,分别从各单体设备涉及的流体流动传热性能、太阳能原油维温系统动态运行特性和光热清洁替代技术研究与应用探索等方面开展相关研究。主要工作如下。

(1)浮顶油罐内原油流动传热特性研究。

以强化原油加热为目的,扩展光管加热管束为翅片管束,发展浮顶油罐水平翅片管束加热原油流动传热仿真方法,构建浮顶油罐内原油湍流流动传热模型,采用大涡模拟方法计算原油湍流自然对流。分析翅片管束参数对原油温度场与流场、原油温度分布均匀性及罐体边界热流密度的影响,为研究太阳能原油维温系统运行特性提供基础计算参数。

(2)相变储热单元传热与储热特性研究。

以管壳式相变储热单元为研究对象,从扩展传热面积和改善 PCM 传热性能两方面强化管壳式相变储热单元综合性能。建立管壳式相变储热单元二维瞬态"导热－对流－相变"多场耦合传热模型,分析翅片参数和纳米颗粒参数影响规律,确定协同强化传热与储热目标函数下的最佳翅片参数和纳米颗粒参数及相变储热单元能效,并以此作为太阳能原油维温系统运行特性的基础计算参数。

(3)光热利用设备及其基础传热特性研究。

以真空管集热器为研究对象,内置 PCM 以降低其过热风险并提升其储热性能,构建含 PCM 真空管集热器传热模型,研究 PCM 密度、比热容、导热系数、潜热和相变温度等热物性参数对真空管集热器传热特性的影响,获得与严寒地区相匹配的 PCM 热物性参数,为太阳能原油维温系统中的集热器选型及参数设计与计算提供基础参数支撑。

(4)太阳能原油维温系统运行特性研究。

从系统整体角度出发,建立太阳能原油维温系统长周期能流输运模型,对系统运行特性及参数影响开展详细数值研究,揭示能量供需动态影响机制,为发展绿色低碳油储维温技术提供工程参考。

（5）光热清洁替代技术研究与工程设计。

基于油田太阳能清洁替代研究成果，进行实际工程改造的研究和探索。针对所选试验工程的工程背景和现场条件，获得热力需求，按照改造原则开展热水站和污水站光热利用的可行性研究。根据热水站和污水站现状，开展光热利用方案设计和比对，优选最佳集热技术。根据储热需求，筛选高效储热介质，开展高效储热单元研究，发展适用于油田的高效储热单元。应用多能互补协同优化模型，研究太阳能和天然气传统能源耦合供热系统，探索油田站场"光热＋燃气"集中联合供热模式路线。

第2章 浮顶油罐内原油流动传热特性

为增强原油加热维温的实效性,扩展光管加热管束为翅片管束。考虑到管束结构异化影响,翅片管束局域原油流动传热不同于光管管束,进而影响大空间内原油湍流流动。因此,研究浮顶油罐内翅片管束加热原油流动传热特性,揭示翅片长度、翅片数量、管束角度等翅片参数影响规律,对于发展浮顶油罐内新型盘管加热原油维温技术具有工程价值。此外,以强化原油加热为目的,优选出最佳翅片参数,可为后续太阳能原油维温系统设计提供基础参数支撑。

2.1 浮顶油罐内原油流动传热建模

2.1.1 数学模型

浮顶油罐三维示意图如图 2.1(a) 所示,其主要由罐顶、罐壁、罐底及附属物等构成,其中附属物主要包括旋转扶梯、排水管、排气阀、计量管、环壁、加强环、密封装置等,由于附属物对传热影响有限,暂不考虑其影响。罐体(即罐顶、罐壁和罐底)材质为钢板,浮顶油罐的罐顶不设保温材料,罐壁敷设保温层,以减少罐壁与周围环境之间的热交换。

由于浮顶油罐是轴对称结构,可将其简化为二维轴对称模型,如图 2.1(b) 所示。浮顶油罐内原油温度主要受外界环境温度和太阳辐射影响。浮顶油罐的传热过程主要包括:罐顶、罐壁与外界环境之间的对流-辐射耦合换热,罐底与土壤之间的热传导。浮顶油罐热力影响区取为 $L_2 \times H_2$,距罐底高度为 H_2 的土壤层为定温边界,与罐壁距离为 L_3 的土壤层为绝热边界。

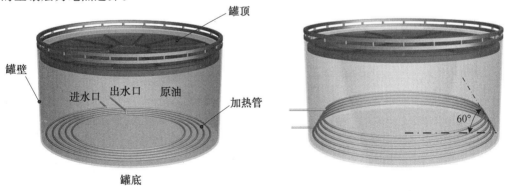

(a) 三维示意图

图 2.1 浮顶油罐三维示意图及二维轴对称模型示意图

28

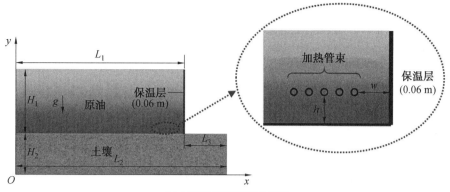

(b) 二维轴对称模型示意图

续图 2.1

考虑生产制造工艺复杂度简化需要,并保障强化管束加热效果,提出如图 2.2(b) ~ (d) 所示的三种加热翅片管束,包括一字型翅片管束、十字交叉型翅片管束和雪花型翅片管束;同时考虑 0°、30°、60°、90° 四种管束角度的影响。图 2.2 为加热管束示意图。

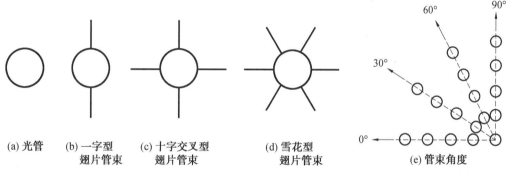

图 2.2　加热管束示意图

为分析翅片管束加热方式下大空间内原油湍流流动传热特性,对浮顶油罐内原油及相关材料做如下假设:

(1) 原油自然对流采用 Boussinesq 近似,忽略黏性耗散影响;

(2) 原油和土壤为各向同性材料,原油黏度近似用幂律方程描述;

(3) 由于原油中蜡比例较低,忽略蜡的潜热影响。

浮顶油罐内原油流动传热控制方程如下。

(1) 质量方程。

$$\frac{\partial \rho}{\partial t} + \frac{\partial (\rho u)}{\partial x} + \frac{\partial (\rho v)}{\partial y} = 0 \tag{2.1}$$

式中　t —— 时间,s;

$\quad\quad u$ —— 原油 x 方向速度,m/s;

$\quad\quad v$ —— 原油 y 方向速度,m/s;

$\quad\quad \rho$ —— 原油密度,kg/m³;

$\quad\quad x$ —— 横坐标,m;

y——纵坐标，m。

（2）动量方程。

$$\frac{\partial(\rho u)}{\partial t} + \frac{\partial(\rho u u)}{\partial x} + \frac{\partial(\rho u v)}{\partial y} = -\frac{\partial p}{\partial x} + \frac{\partial}{\partial x}\left((\mu + \mu_{\mathrm{t}})\frac{\partial u}{\partial x}\right) + \frac{\partial}{\partial y}\left((\mu + \mu_{\mathrm{t}})\frac{\partial u}{\partial y}\right) \quad (2.2)$$

$$\frac{\partial(\rho v)}{\partial t} + \frac{\partial(\rho u v)}{\partial x} + \frac{\partial(\rho v v)}{\partial y} = -\frac{\partial p}{\partial x} + \frac{\partial}{\partial x}\left((\mu + \mu_{\mathrm{t}})\frac{\partial v}{\partial x}\right) +$$
$$\frac{\partial}{\partial y}\left((\mu + \mu_{\mathrm{t}})\frac{\partial v}{\partial y}\right) + \rho g\beta(T - T_{\mathrm{m}}) \quad (2.3)$$

式中　　p——压强，Pa；

　　　　g——重力加速度，$\mathrm{m/s^2}$；

　　　　μ——动力黏度，Pa・s；

　　　　μ_{t}——湍流黏度系数；

　　　　β——原油热膨胀系数，$℃^{-1}$；

　　　　T——原油温度，℃；

　　　　T_{m}——参考温度，℃。

（3）能量方程。

$$\frac{\partial(\rho c T)}{\partial t} + \frac{\partial(\rho c u T)}{\partial x} + \frac{\partial(\rho c v T)}{\partial y} = \frac{\partial}{\partial x}\left(\left(\lambda + \frac{c\mu_{\mathrm{t}}}{Pr_{\mathrm{t}}}\right)\frac{\partial T}{\partial x}\right) + \frac{\partial}{\partial y}\left(\left(\lambda + \frac{c\mu_{\mathrm{t}}}{Pr_{\mathrm{t}}}\right)\frac{\partial T}{\partial y}\right) \quad (2.4)$$

式中　　Pr_{t}——湍流普朗特数；

　　　　λ——原油导热系数，$\mathrm{W/(m \cdot K)}$；

　　　　c——原油比热容，$\mathrm{J/(kg \cdot K)}$。

（4）固体导热微分方程。

土壤、保温材料等固相介质以热传导方式进行热量传递，其温度场分布可由导热微分方程进行求解：

$$\frac{\partial(\rho_{\mathrm{s}} T)}{\partial t} = \frac{\lambda_{\mathrm{s}}}{c_{\mathrm{s}}}\left(\frac{\partial^2 T}{\partial x^2} + \frac{\partial^2 T}{\partial y^2}\right) \quad (2.5)$$

式中　　ρ_{s}——土壤、保温材料密度，$\mathrm{kg/m^3}$；

　　　　λ_{s}——土壤、保温材料导热系数，$\mathrm{W/(m \cdot K)}$；

　　　　c_{s}——土壤、保温材料比热容，$\mathrm{J/(kg \cdot K)}$。

2.1.2　边界条件

由图 2.1(b) 可知，浮顶油罐的边界条件包括罐体边界条件和土壤边界条件。

对于罐体部分，罐顶与罐壁为第三类边界条件。由于受到外界环境温度和太阳辐射影响，罐顶与罐壁处的空气温度可由外界环境综合温度表示：

$$-\lambda_{\mathrm{top}}\frac{\partial T}{\partial y} = h_{\mathrm{top}}(T_{\mathrm{top}} - T_{\mathrm{zt}}), \quad 0 \leqslant x \leqslant L_1, y = H_1 + H_2 \quad (2.6)$$

$$-\lambda_{\mathrm{wall}}\frac{\partial T}{\partial x} = h_{\mathrm{wall}}(T_{\mathrm{wall}} - T_{\mathrm{zw}}), \quad x = L_1, H_1 \leqslant y \leqslant H_1 + H_2 \quad (2.7)$$

式中　　λ_{top}——罐顶钢板导热系数，$\mathrm{W/(m \cdot K)}$；

λ_{wall}——罐壁保温材料导热系数，W/(m・K)；

h_{top}——罐顶表面传热系数，W/(m^2・K)；

h_{wall}——罐壁表面传热系数，W/(m^2・K)；

T_{top}——罐顶温度，℃；

T_{zt}——罐顶处外界环境综合温度，℃；

T_{wall}——罐壁温度，℃；

T_{zw}——罐壁处外界环境综合温度，℃。

对于土壤部分，土壤层上表面与外界环境接触的边界为第三类边界条件，且土壤层上表面的空气温度可由外界环境综合温度表示：

$$-\lambda_{\text{soil}}\frac{\partial T}{\partial y}=h_{\text{soil}}(T_{\text{soil}}-T_{\text{zs}}),\quad L_1\leqslant x\leqslant L_2,y=H_2 \tag{2.8}$$

$$T_{\text{zt}}=T_{\text{air}}+\frac{I\alpha}{h_{\text{top}}}$$

$$T_{\text{zw}}=T_{\text{air}}+\frac{I\alpha}{h_{\text{wall}}}$$

$$T_{\text{zs}}=T_{\text{air}}+\frac{I\alpha}{h_{\text{soil}}} \tag{2.9}$$

$$h_{\text{top}}=h_{\text{wall}}=h_{\text{soil}}=11.63+7.0\sqrt{V} \tag{2.10}$$

式中　λ_{soil}——土壤导热系数，W/(m・K)；

h_{soil}——土壤上表面传热系数，W/(m^2・K)；

T_{soil}——土壤温度，℃；

T_{zs}——土壤上表面外界环境综合温度，℃；

T_{air}——环境温度，℃；

I——太阳辐射强度，W/m^2；

α——浮顶油罐罐体吸收率，取 1；

V——外界环境风速，m/s。

土壤层下表面温度恒定，为第一类边界条件：

$$T=T_{\text{c}},\quad 0\leqslant x\leqslant L_2,y=0 \tag{2.11}$$

式中　T_{c}——土壤下表面温度，为常数。

土壤层右侧为绝热边界：

$$\frac{\partial T}{\partial x}=0,\quad x=L_2,0\leqslant y\leqslant H_2 \tag{2.12}$$

对于轴对称边界（左侧土壤层与左侧浮顶油罐边界）：

$$\frac{\partial T}{\partial x}=0,\quad x=0,0\leqslant y\leqslant H_1+H_2 \tag{2.13}$$

土壤层与罐底接触部分为耦合边界。

原油密度、原油导热系数、原油比热容和原油黏度计算式如下。

$$\rho_{\text{oil}}=\rho_{\text{ref}}[1-\beta(T-T_{\text{ref}})] \tag{2.14}$$

$$\lambda_{\text{oil}}=0.1568-7.378\times10^{-5}T \tag{2.15}$$

$$c_{oil} = \begin{cases} -29\,558 + 390.2T - 171.13T^2 + 3.233\,9T^3 - 0.022\,4T^4, & T \leqslant 44\ \text{℃} \\ 2\,113.1 + 4.833T, & T > 44\ \text{℃} \end{cases}$$

(2.16)

$$\mu = e^{-28.8 + 8\,904.4/(273.15+T)}$$

(2.17)

式中　ρ_{ref}——参考密度，kg/m^3；

　　　T_{ref}——参考温度，℃。

2.2　模型验证与独立性测试

2.2.1　模型验证

1. 文献验证

采用有限体积法求解浮顶油罐内原油流动传热，采用大涡模拟(large eddy simulation，LES)方法计算原油湍流自然对流，压力场和速度场采用 SIMPLE 算法，压力插值采用 Body Force Weighted 格式，动量方程、能量方程采用 Second Order Upwind 格式。质量方程、动量方程和能量方程的收敛残差值分别为 1×10^{-3}、1×10^{-3} 和 1×10^{-6}。

图 2.3 所示为模拟结果与文献中的试验结果(简称文献结果)对比，可以看出，模拟结果与文献结果吻合较好，模拟结果与文献结果之间最大相对偏差为 7.5%，平均相对偏差为 3.9%。随着时间增加，模拟结果与文献结果偏差逐渐增大。主要原因有：其一，由于原油中含有少量的蜡质，蜡质凝固释放潜热，减缓了原油温度降低，而在模型假设中忽略了蜡质潜热的影响；其二，罐体边缘附近原油形成凝油层，其导热系数较低，可以起到保温作用。

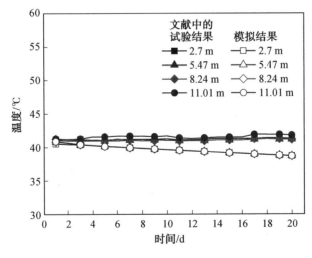

图 2.3　模拟结果与文献中的试验结果对比

2. 试验验证

搭建室内蓄热罐加热试验装置，采用电加热方式对液体进行加热，蓄热罐照片与试验装置示意图如图 2.4 所示。其中,蓄热罐侧壁和罐底包覆有厚度为 25 mm 的保温材料,罐顶为厚度为 10 mm 的钢板,电加热器功率为 6 kW,室内平均温度为 20 ℃。利用热电偶测量蓄热罐内部液体温度,试验结果与模拟结果如图 2.5 所示。

由图可以看出,模拟结果(模拟值)与试验结果(试验值)吻合度较好。相对于模拟值而言,试验值波动性明显,这是因为电加热器表面具有较高的表面温度,其与液体接触部分产生的对流带动周围冷热流体之间热交换,故而试验值波动性较强。数据对比发现两者间平均相对偏差为 11.2%,此偏差满足计算精度要求。

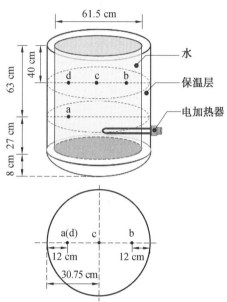

图 2.4　蓄热罐照片与试验装置示意图

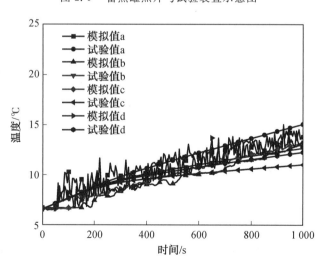

图 2.5　试验结果与模拟结果(彩图见附录)

2.2.2 独立性测试

为确定合适的网格数量和时间步长,以 4 翅片、200 mm 翅片长度的翅片管束为例,对 122 857、204 173 和 478 740 三种网格数量及 10 s、20 s 和 50 s 三种时间步长进行独立性验证。靠近浮顶油罐罐体边界和加热管位置处的原油温度梯度较大,故其网格较为精细,其余部分网格相对粗糙,通过非均匀结构网格对浮顶油罐和土壤等计算域离散化。图 2.6 所示为独立性测试结果,可见网格数量为 204 173、时间步长为 20 s 可以确保模拟结果可靠性。书中其他模拟工作的独立性测试与之类似处理,不一一描述。

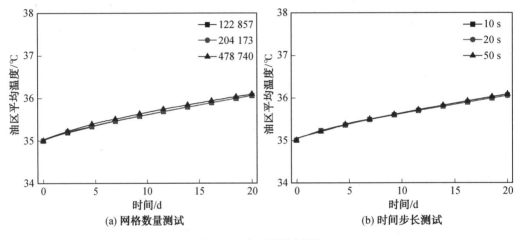

图 2.6 独立性测试结果

2.3 影响因素分析

为评估翅片长度和翅片数量对加热原油流动传热特性的影响,引入 3 个评估指标:① 油区平均温度;② 罐体边界热流密度;③ 原油温度场不均匀度。原油温度场不均匀度表示原油温度空间分布的均匀程度,其值越小,表示原油温度场的均匀性越好。原油温度场不均匀度的计算式为

$$\Delta T = \sqrt{\frac{1}{5}\left[(T_{\text{central}} - T_a)^2 + (T_t - T_a)^2 + (T_{wr} - T_a)^2 + (T_{wl} - T_a)^2 + (T_b - T_a)^2\right]}$$

(2.18)

式中 T_{central} ——油区中心温度,K;

          T_t ——罐顶平均温度,K;

          T_{wr} ——右侧罐壁平均温度,K;

          T_{wl} ——左侧罐壁平均温度,K;

          T_b ——罐底平均温度,K;

          T_a ——油区平均温度,K。

模拟参数包括:浮顶油罐尺寸为 $L_1 \times H_1$(40 m × 10 m),罐体侧壁保温层厚度为 0.06 m;土壤层几何参数为 $L_2 \times H_2$(47 m × 12.5 m);环境温度为 20 ℃,平均风速为

6 m/s;原油热膨胀系数为 0.000 621 K^{-1},原油参考密度为 860 kg/m^3;加热管直径为
0.05 m,加热管束距罐壁 2 m,距罐底 0.5 m,加热管束的管间距为 0.5 m;加热管束和土
壤底部表面温度分别为 80 ℃ 和 10 ℃,油区和土壤区初始温度分别为 35 ℃ 和 30 ℃。表
2.1 为材料热物性参数,表 2.2 为翅片管束参数设计方案。

表 2.1　材料热物性参数

材料	导热系数 /(W · m^{-1} · K^{-1})	比热容 /(J · kg^{-1} · K^{-1})	密度 /(kg · m^{-3})
钢板	40	460	7 800
土壤	1.74	1 750	1 600
保温材料	0.035	800	60

表 2.2　翅片管束参数设计方案

案例	加热管束数量	翅片长度 /mm	翅片数量
1	5	—	0
2	5	100	4
3	5	150	4
4	5	200	4
5	5	100	2
6	5	100	6

2.3.1　翅片长度影响

本部分研究了不同翅片长度(0 mm、100 mm、150 mm 和 200 mm)下原油流动传热
特性,其中翅片数量为 4,无翅片管束为对照组。

图 2.7 为不同翅片长度下油区温度和速度云图。可以看出,增加翅片长度可以有效
提高原油传热性能,翅片管束的油区温度高于无翅片管束。当加热时间为 1 天时,罐体侧
壁附近形成了热羽流,并在罐顶附近出现了热羽流尾迹。这是由原油受热后密度降低产
生自然对流导致的。随着加热时间的推进和太阳辐射持续影响,罐顶区域原油温度高于
其他区域,且自罐顶至罐底原油发生温度分层。由速度云图可看出,翅片管束的油区速度
均高于无翅片管束,且增加翅片长度会进一步加剧这种情况。随着时间的推移,原油温度
升高,而原油速度逐渐降低,原油整体温度趋于一致。对比无翅片管束和翅片长度
200 mm 翅片管束,二者在第 1 天加热时油区平均速度分别为 3.94×10^{-5} m/s 和 $7.50 \times
10^{-5}$ m/s,在第 20 天加热时油区平均速度分别为 1.64×10^{-5} m/s 和 2.85×10^{-5} m/s。

图 2.8(a) 所示为不同翅片长度下油区平均温度。由图可知,与无翅片管束下相比,
翅片长度 100 mm、150 mm 和 200 mm 翅片管束下油区平均温度分别提高了 0.90 ℃、
1.47 ℃ 和 1.90 ℃。然而,随着翅片长度的增加,翅片长度在提升油区平均温度能力方面
趋弱,如翅片长度从 0 mm 增加到 100 mm、从 100 mm 增加到 150 mm、从 150 mm 增加
到 200 mm 时,油区平均温度提升率分别为 2.49%、1.51% 和 1.17%。图 2.8(b) 所示为

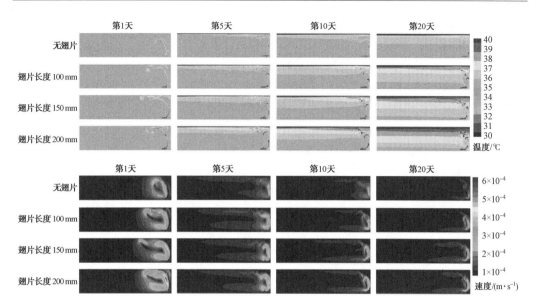

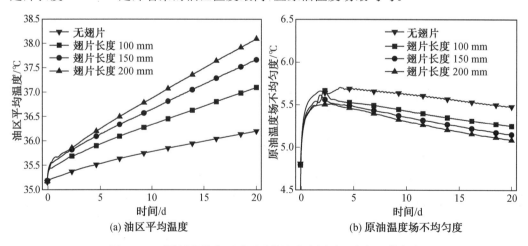

图 2.7　不同翅片长度下油区温度和油区速度云图(彩图见附录)

不同翅片长度下原油温度场不均匀度。由图可知,原油温度场不均匀度先增大并在第 2 天达到峰值,其值在 5.40～5.60 ℃ 范围内,后平缓减小。出现此变化规律是由于受初始条件影响,随着时间推进,初始条件的影响逐渐被消除。相比于无翅片管束下,翅片管束下的原油温度场均匀程度有所改善,且 200 mm 翅片长度下的原油温度场不均匀度最低。整个加热期内,无翅片管束的原油温度场平均不均匀度为 5.59 ℃,翅片长度 100 mm、150 mm 和 200 mm 翅片管束的原油温度场平均不均匀度分别为 5.42 ℃、5.35 ℃ 和 5.30 ℃。与无翅片管束相比,翅片长度 100 mm、150 mm 和 200 mm 翅片管束的原油温度场平均不均匀度分别降低 3.04％、4.29％ 和 5.19％。结合图 2.8(b)可知,翅片长度 200 mm 翅片管束的油区温度最高,且原油温度场最均匀。

(a) 油区平均温度

(b) 原油温度场不均匀度

图 2.8　不同翅片长度下油区平均温度和原油温度场不均匀度

图 2.9 所示为不同翅片长度下浮顶油罐顶部、底部和侧壁（即边界）的热流密度。由图可知,罐顶和罐底的热流密度变化较大,罐壁的热流密度变化较小,罐顶、罐底和罐壁的热流密度分别为 $0 \sim 70$ W/m^2、$0 \sim 50$ W/m^2 和 $4 \sim 7$ W/m^2。罐体边界热流密度出现如此大差异的原因是初始时刻浮顶油罐顶部和底部与周围环境之间的温差较大,随着时间的推移,罐体边界层与周围环境之间的热交换持续进行,直到传热逐渐稳定。对于罐壁,由于保温层的存在,其热流密度变化很小。相比于无翅片管束,不同时刻下翅片管束的边界热流密度变化幅度不同,但总体变化趋势一致,这主要是热原油物性参数发生变化,流动传热不同所致。

图 2.10 所示为不同翅片长度下浮顶油罐各边界热流密度及其占比。如图 2.10(a) 所示,不同翅片长度条件下的罐顶热流密度为 $44 \sim 48$ kW/m^2,罐壁为 $38 \sim 40$ kW/m^2,罐底为 $16 \sim 18$ kW/m^2。与无翅片管束相比,翅片管束的罐壁热流密度较低,罐底热流密度

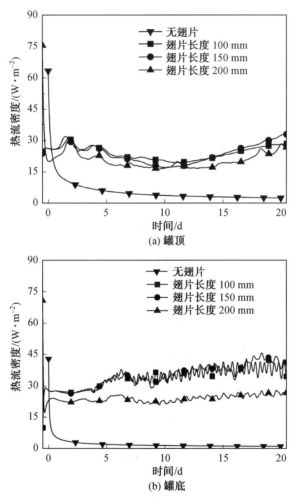

图 2.9 不同翅片长度下浮顶油罐边界的热流密度

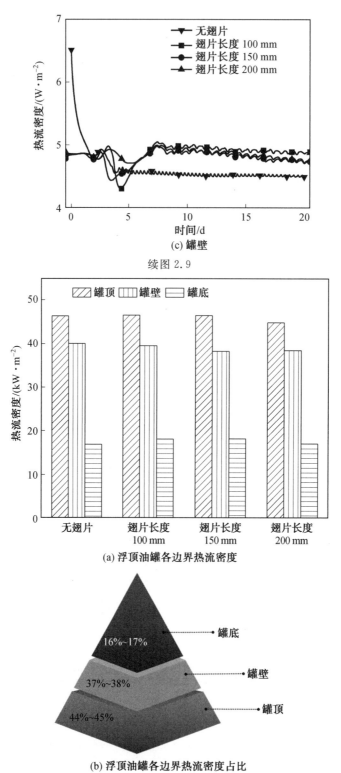

(c) 罐壁

续图 2.9

(a) 浮顶油罐各边界热流密度

(b) 浮顶油罐各边界热流密度占比

图 2.10　不同翅片长度下浮顶油罐各边界热流密度及其占比

较高。翅片长度 100 mm、150 mm 和 200 mm 翅片管束的罐壁热流密度较无翅片管束分别降低 1.28%、4.39% 和 3.87%,罐底热流密度较无翅片管束分别增加 7.16%、7.64% 和 0.87%。由图 2.10(b) 可看出,不同翅片长度条件下罐顶、罐壁和罐底的热流密度占比分别为 44% ~ 45%、37% ~ 38% 和 16% ~ 17%,即浮顶油罐边界热流密度大小顺序为: 罐顶 > 罐壁 > 罐底。这主要是因为受边界条件、保温结构和翅片长度影响。

2.3.2　翅片数量影响

本部分分析了不同翅片数量(0、2、4 和 6)下原油流动传热特性,其中翅片长度为 100 mm,无翅片管束为对照组。

图 2.11 为不同翅片数量下油区和加热管区域的原油温度云图。翅片数量对原油温度分布的影响与翅片长度的影响相似,增加翅片数量,油区原油温度升高,然而油区加热效果改变不如增加翅片长度明显,且罐壁附近油区升温较弱。为更清楚地展示加热管束附近原油温度分布,图 2.11 对比了无翅片管束和 6 翅片管束加热管区域的原油温度云图。相比于无翅片管束,6 翅片管束附近原油温度较高,且在管束附近形成了较大面积的热羽流。其主要原因是无翅片管束下原油受热面积有限,每个加热管形成一个热羽流,由于热力影响有限,各热羽流未形成合力,原油受热面积与升温程度有限;而在翅片的影响下,管束的热力影响增强,各翅片管束形成的热羽流汇合为一个较大的热羽流,原油受热面积与升温程度较无翅片管束显著。

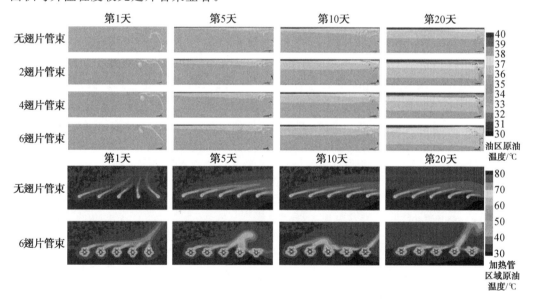

图 2.11　不同翅片数量下油区和加热管区域的原油温度云图(彩图见附录)

图 2.12 为不同翅片数量下原油速度云图。翅片数量对油区平均速度和加热管束区域平均速度影响不同。在加热初期和加热末期,无翅片管束的油区平均速度分别为 3.94×10^{-5} m/s 和 1.64×10^{-5} m/s,6 翅片管束的油区平均速度分别为 5.89×10^{-5} m/s 和 2.52×10^{-5} m/s,6 翅片管束油区平均速度高于无翅片管束,主要原因是增加翅片数量可以扩展加热管束与原油的换热面积,管束附近原油与其他区域原油温差增大,因此油区平

均速度增加。 在加热初期和加热末期,无翅片管束的加热管束区域平均速度分别为 7.77×10^{-5} m/s 和 5.82×10^{-5} m/s,6 翅片管束的加热管束区域平均速度分别为 6.61×10^{-5} m/s 和 5.59×10^{-5} m/s,6 翅片管束的加热管束区域平均速度低于无翅片管束。导致此结果的原因是:当存在翅片时,加热管束附近的原油平均温度较高且分布较无翅片时更均匀,加热管束附近的原油密度差较小,自然对流较弱,翅片管束的原油平均流速小于无翅片管束的原油平均流速。

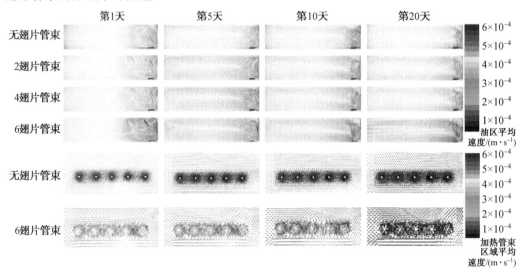

图 2.12　不同翅片数量下原油速度云图(彩图见附录)

图 2.13(a) 所示为不同翅片数量下油区平均温度。与无翅片管束相比,2、4 和 6 翅片管束的油区平均温度分别提高了 0.73 ℃、0.90 ℃ 和 0.67 ℃。随着翅片数量的增加,翅片数量增加对油区平均温度的强化作用趋弱,甚至降低。与无翅片管束相比,2 翅片管束的油区平均温度提升了 2.02%,而由 2 翅片增加到 4 翅片和由 4 翅片增加到 6 翅片时,油区平均温度分别提升了 0.46% 和 0.62%。这表明,增加翅片数量不一定利于提升原油温

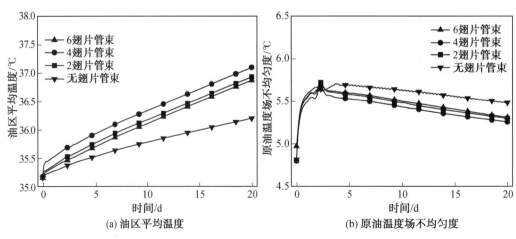

图 2.13　不同翅片数量下油区平均温度和原油温度场不均匀度

度,存在最佳翅片数可使加热过程中原油平均温度提升最高。图 2.13(b) 所示为不同翅片数量下原油温度场不均匀度。可以看出,原油温度场不均匀度呈现先增加后降低的变化趋势,并于第 2 天达到峰值,其峰值处于 5.40 ～ 5.70 ℃ 范围内。相比于无翅片管束,翅片管束的原油温度均匀性有所改善。无翅片管束的原油温度不均匀度平均为 5.59 ℃,2、4 和 6 翅片管束的原油温度场不均匀度平均分别为 5.46 ℃、5.42 ℃ 和 5.48 ℃,较之无翅片管束分别降低 2.33%、3.04% 和 1.97%。4 翅片可作为有效提升油区平均温度和油区温度均匀程度的最佳翅片数量。

图 2.14 所示为不同翅片数量下浮顶油罐顶部、底部和侧壁(即边界)的热流密度。加热初期,受初始条件影响,罐体边界与周围环境之间的传热处于非正规状况阶段,罐体边界热流密度较大。随着时间增加,初始条件的影响逐渐消失,罐体边界与周围环境之间的传热处于正规状况阶段,罐体各边界热流密度呈现逐渐减小的趋势。罐顶和罐底的热流密度分别为 $0 \sim 65 \ W/m^2$ 和 $0 \sim 45 \ W/m^2$,罐壁的热流密度为 $4 \sim 7 \ W/m^2$,出现这一现象的主要原因是罐顶和罐底分别与大气环境和土壤进行换热,换热量较大,而罐壁敷设保

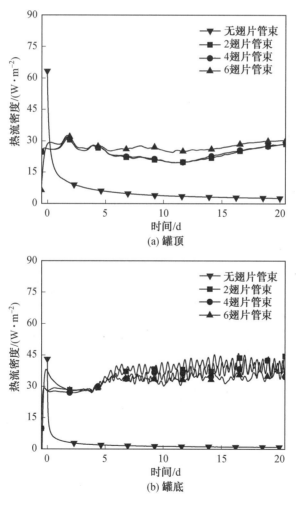

图 2.14　不同翅片数量下浮顶油罐边界的热流密度

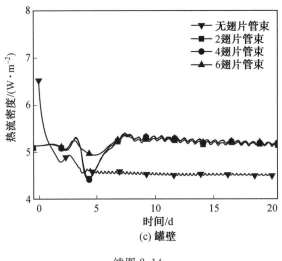

(c) 罐壁

续图 2.14

温材料,换热量较小。另一方面,增加翅片数量使罐底热流密度增加,而浮顶油罐其他边界的热流密度没有明显的变化规律。

图 2.15 所示为不同翅片数量下浮顶油罐各边界热流密度。如图所示,不同翅片数量下罐顶、罐壁和罐底的热流密度分别为 46 ～ 47 W/m²、37 ～ 38 W/m² 和 16 ～ 18 W/m²。相比于无翅片管束,翅片管束的罐体边界热流密度略有降低,如 2、4 和 6 翅片管束的罐体边界热流密度较无翅片管束分别降低 1.62%、1.27% 和 0.87%。参考表 2.3 可知,不同翅片数量下浮顶油罐各边界热流密度大小顺序为:罐顶 > 罐壁 > 罐底。其对应的边界热流密度占比分别为 44% ～ 45%、37% ～ 38% 和 16% ～ 17%,主要原因是受边界条件、保温结构和翅片数量影响。

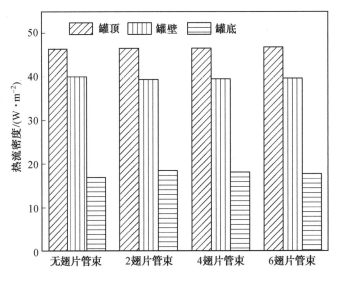

图 2.15　不同翅片数量下浮顶油罐各边界热流密度

表 2.3　不同翅片数量下浮顶油罐各边界热流密度占比

边界	罐顶	罐壁	罐底
热流密度占比	$44\% \sim 45\%$	$37\% \sim 38\%$	$16\% \sim 17\%$

2.3.3　管束角度影响

本部分分析了不同管束角度（0°、30°、60°、90°）下原油流动传热特性,其中翅片长度为 100 mm,水平管束（管束角度为 0°）为对照组。

图 2.16 显示了当管束分别设有不同翅片数量（0、2、4 和 6）时,在管束角度 0°、30°、60° 和 90° 下的原油温度云图。如图所示,具有一定翅片数量的管束在不同管束角度下形成不同流型的热羽流。当管束角度为 0° 时,热羽流在管束周围汇聚,并在压力下沿着管束向浮顶油罐的侧壁和顶部移动。加热 2 天时,热羽流沿着倾斜方向流动并在管束上方汇聚。随着加热时间的增加,热羽流不断增大,受压力作用以更大的角度压向罐壁。加热 20 天时管束角度 0° 和 30° 下原油局部温度和流场如图 2.17 所示。与无翅片管束相比,由

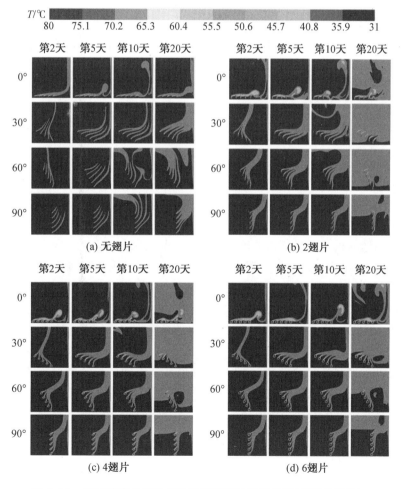

图 2.16　不同管束角度及翅片数量下原油温度云图（彩图见附录）

43

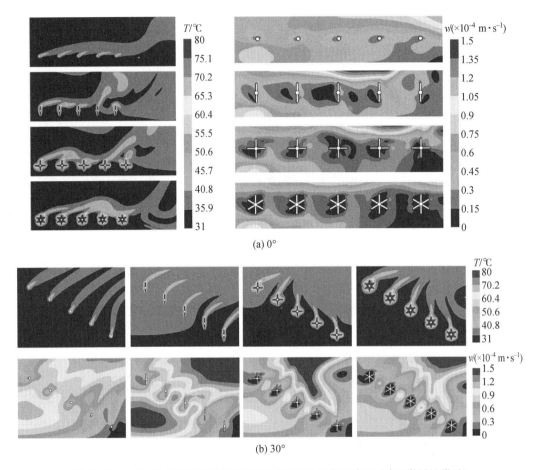

图 2.17　加热 20 天时管束角度 0°和 30°下原油局部温度和流场（彩图见附录）

于原油和管束之间的热交换面积增大，翅片管束周围的高温原油范围更大。理论上，增加翅片数量可以提供更大的换热面积，进而改善原油加热效果。然而，当管束角度和翅片数量设置存在问题时可能干扰原油的流动，翅片之间形成的流动死区会降低管束附近原油的流速。另一方面，添加翅片会使管束局部原油区域温度更均匀，密度差更小，使自然对流减弱。加热的原油不能与未加热的低温原油充分交换热量，导致管束周围的热量积聚，原油热性能降低。因此，可以认为管束的倾角和翅片数量决定了原油的热性能。

　　如图 2.18 所示，管束角度对油区平均温度的影响在加热前 5 天比较微弱，自第 5 天之后影响逐渐明显。翅片数量和管束角度的组合影响管束周围原油的流动传热，进而影响原油在大空间中的自然对流，因此不同翅片管束具有不同的最佳管束角度。对于光管管束，当管束角度为 90°时，油区平均温度最高为 36.22 ℃。对于 2、4 和 6 翅片管束，在管束角度为 60°时取得油区平均温度最高值。其中，2 翅片在管束角度 60°时原油温度提升最明显，油区平均温度为 37.14 ℃，与 0°、30°和 90°时相比，分别提高 0.81%（0.298 ℃）、0.18%（0.067 ℃）和 0.31%（0.116 ℃）。

　　图 2.19 所示为不同管束角度及翅片数量下原油温度场不均匀度。在加热初期（第 0～2 天），部分原油迅速吸收热量，导致原油温度场不均匀度急剧增大。随着原油各

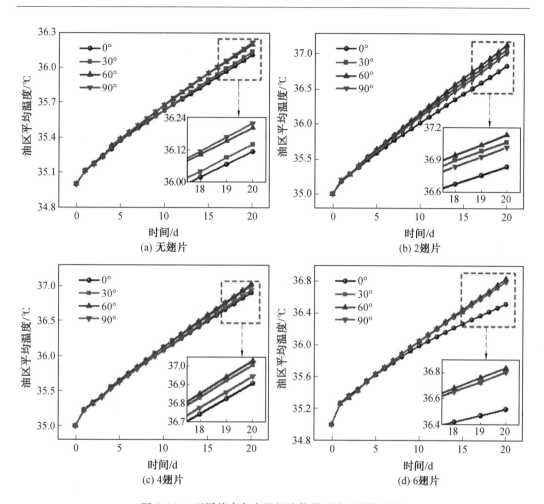

图 2.18   不同管束角度及翅片数量下油区平均温度

处受热升温,其内部温差逐渐减小,原油温度场不均匀度在加热第 2 ～ 20 天内逐渐降低。翅片管束非水平布置时,原油温度均匀性显著提高。结果表明,管束角度 90° 时光管管束的原油温度场不均匀度最小,60° 时翅片管束(翅片数量 2、4、6)的原油温度场不均匀度最小。管束(翅片数量 0、2、4、6)在最佳管束角度布置时,原油温度场不均匀度分别比 0° 布置时降低 0.86%、3.41%、1.12% 和 2.26%。图 2.19 中取得最小原油温度场不均匀度的管束角度与图 2.18 中取得最高油区平均温度的管束角度一致。当管束以最佳管束角度布置时,原油获得更高的油区平均温度和更均匀的温度场,这有利于提高原油的热性能。

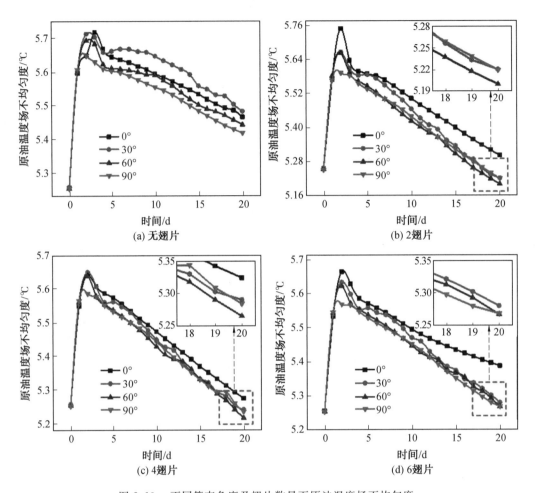

图 2.19　不同管束角度及翅片数量下原油温度场不均匀度

第3章　相变储热单元传热与储热特性

强化 PCM 传热性能对发展高效相变储热单元、提升太阳能原油维温系统运行安全性十分关键,添加高导热翅片、纳米颗粒、相变储能球是简单有效的强化 PCM 传热性能的方法。相变储热单元可分为管壳式相变储热单元和罐式相变储热单元(又称相变储热罐)。本章利用两步法制备混合纳米 PCM,建立管壳式相变储热单元和 PCM 熔化过程的非稳态传热数学模型、罐式相变储热单元静态储热数学模型和流动传热数理模型,研究内置翅片、添加纳米颗粒、增加传热面积 3 种强化传热方式下相变储热单元的传热与储热特性,重点评估相变储热单元在 PCM 熔化过程中的温度场、速度场、液相分数、储热量、储热密度、储热速率等指标,分析翅片参数、纳米颗粒参数、相变球参数对相变储热单元传热与储热性能的影响,获得协同强化传热与储热目标函数下的最佳翅片参数和纳米颗粒参数及相变储热单元能效,为太阳能原油维温系统设计提供支撑。

3.1　管壳式相变储热单元数理模型

在相变储热单元中,管壳式相变储热单元因具有结构简单、散热损失小等特点,成为储能领域的重要设备之一。本节以管壳式相变储热单元为例,对采用内置翅片和添加纳米颗粒两种强化传热方式的 PCM 传热与储能特性展开研究。图 3.1 所示为管壳式相变储热单元模型,其主要由 HTF、同心套管及套管间填充的 PCM 组成。在储释热过程中,PCM 与传热流体进行换热,从中吸收热量或向其放热。实际上,对于此类储热单元来说,用于描述其换热的数值模型可归为一类具有轴对称的 2D 问题。太阳能原油维温系统中的相变储热单元,可简化处理为 2D 模型。

PCM 相变传热过程包含"导热 — 对流 — 相变"耦合传热,对其计算做如下假设:

(1)PCM、HTF 为不可压缩牛顿流体;

(2)液相 PCM 的自然对流采用 Boussinesq 假设;

(3)混合纳米 PCM 为各向同性材料,假设纳米颗粒与 PCM 混合均匀且其在 PCM 中不聚沉;

(4)忽略液态 PCM 流动过程中的黏性耗散影响。

基于以上假设,建立管壳式相变储热单元传热模型。

对于 HTF:

$$\nabla \cdot \boldsymbol{u} = 0 \tag{3.1}$$

$$\rho_{\text{HTF}} \frac{\partial \boldsymbol{u}}{\partial t} + \rho_{\text{HTF}} \boldsymbol{u} \cdot (\nabla \cdot \boldsymbol{u}) = -\nabla p + \mu_{\text{HTF}} \nabla^2 \boldsymbol{u} \tag{3.2}$$

$$\rho_{\text{HTF}} c_{\text{HTF}} \frac{\partial T}{\partial t} + \rho_{\text{HTF}} c_{\text{HTF}} \boldsymbol{u} \cdot \nabla T = \nabla \cdot (\lambda_{\text{HTF}} \nabla T) \tag{3.3}$$

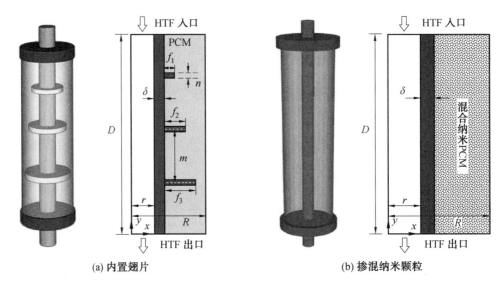

(a) 内置翅片　　　　　　　　　　　　　(b) 掺混纳米颗粒

图 3.1　管壳式相变储热单元模型

式中　t——时间,s;

　　　$\boldsymbol{u}$——速度矢量,m/s;

　　　ρ_{HTF}——HTF 密度,kg/m³;

　　　μ_{HTF}——HTF 的动力黏度系数;

　　　c_{HTF}——HTF 比热容,J/(kg·K);

　　　p——压力,Pa;

　　　T——温度,K;

　　　λ_{HTF}——HTF 导热系数,W/(m·K)。

　　对于 PCM:

$$\nabla \cdot \boldsymbol{u} = 0 \tag{3.4}$$

$$\rho_{\text{PCM}} \frac{\partial \boldsymbol{u}}{\partial t} + \rho_{\text{PCM}} \boldsymbol{u} \cdot (\nabla \cdot \boldsymbol{u}) = -\nabla p + \mu_{\text{PCM}} \nabla^2 \boldsymbol{u} + \rho_{\text{PCM}} \alpha_{\text{v}} (T - T_{\text{ref}}) \boldsymbol{g} + A_{\text{mush}} \frac{(1 - \beta)^2}{\beta^3 + \varepsilon} \boldsymbol{u}$$
$$\tag{3.5}$$

$$\rho_{\text{PCM}} \frac{\partial H}{\partial t} + \rho_{\text{PCM}} \nabla \cdot (\boldsymbol{u} H) = \nabla \cdot (\lambda_{\text{PCM}} \nabla T) \tag{3.6}$$

$$\beta = \begin{cases} 0, & T < T_{\text{s}} \\ \dfrac{T - T_{\text{s}}}{T_1 - T_{\text{s}}}, & T_{\text{s}} < T < T_1 \\ 1, & T > T_1 \end{cases} \tag{3.7}$$

$$H = h_{\text{ref}} + \int_{T_{\text{ref}}}^{T} c_{\text{PCM}} \Delta T + \beta L \tag{3.8}$$

式中　ρ_{PCM}——PCM 密度,kg/m³;

　　　μ_{PCM}——PCM 的动力黏度系数;

　　　T_{s}——固相 PCM 温度,K;

　　　T_1——液相 PCM 温度,K;

α_v——PCM 热膨胀系数，$1/K$；

β——PCM 液相分数；

$\boldsymbol{g}$——重力加速度，m/s^2；

A_{mush}——固液糊状区常数，$10^5\ kg/(m^3 \cdot s)$；

ε——常数，0.001；

H——PCM 比焓，J/kg；

h_{ref}——参考温度下的 PCM 比焓，J/kg；

T_{ref}——参考温度，K；

λ_{PCM}——PCM 导热系数，$W/(m \cdot K)$；

c_{PCM}——PCM 比热容，$J/(kg \cdot K)$；

L——PCM 潜热，J/kg。

含纳米颗粒 PCM(Nano-PCM) 的热物性参数计算式如下。

密度：

$$\rho_{hy} = \sum \varphi_{np} \rho_{np} + (1 - \varphi_{np}) \rho_p \tag{3.9}$$

比热容：

$$c_{hy} = \frac{\sum \varphi_{np} \rho_{np} c_{np} + (1 - \varphi_{np}) \rho_p c_p}{\rho_{hy}} \tag{3.10}$$

热膨胀系数：

$$\alpha_{v,hy} = \frac{\sum \varphi_{np} \rho_{np} \alpha_{v,np} + (1 - \varphi_{np}) \rho_p \alpha_{v,p}}{\rho_{hy}} \tag{3.11}$$

潜热：

$$L_{hy} = \frac{(1 - \varphi_{np})(\rho L)_p}{\rho_{hy}} \tag{3.12}$$

导热系数：

$$\lambda_{hy} = \frac{\dfrac{\sum \lambda_{np} \varphi_{np}}{\varphi} + 2(1 - \varphi_{np}) \lambda_p + 2 \sum \lambda_{np} \varphi_{np}}{\dfrac{\sum \lambda_{np} \varphi_{np}}{\varphi} + (2 + \varphi_{np}) \lambda_p - \sum \lambda_{np} \varphi_{np}} \lambda_p +$$

$$4.220\,35 \times 10^5 (100 \varphi_{np})^{-1.073\,04} \varphi_{np} \rho_{np} c_{p,np} \sqrt{\frac{\kappa T}{\rho_{np} d}} f(T, \varphi_{np}) \tag{3.13a}$$

$$f(T, \varphi_{np}) = (2.821\,7 \times 10^{-2} \varphi_{np} + 3.917 \times 10^{-1}) \frac{T}{T_{ref}} -$$

$$3.069\,9 \times 10^{-2} \varphi_{np} - 3.911\,23 \times 10^{-3} \tag{3.13b}$$

式中　d——纳米颗粒粒径。

动力黏度：

$Al_2O_3 - PCM$：

$$\frac{\mu_{hy}}{\mu_p} = 0.983 e^{12.958 \varphi_{np}} \tag{3.14}$$

$TiO_2 - PCM$：

$$\frac{\mu_{hy}}{\mu_p} = 1 + 5.45\varphi_{np} + 108.2\varphi_{np}^2 \tag{3.15}$$

$CuO - PCM$：

$$\frac{\mu_{hy}}{\mu_p} = 0.919\,7\,e^{22.853\,9\varphi_{np}} \tag{3.16}$$

式中　　φ——纳米颗粒体积浓度,%。

其中,下标 hy、np、p 分别代表混合纳米 PCM、纳米颗粒、PCM。

边界条件与初始条件：

对于对称轴$(x = 0, 0 \leqslant y \leqslant D)$,

$$\frac{\partial T}{\partial x} = 0 \tag{3.17}$$

对于右侧壁面$(x = R, 0 \leqslant y \leqslant D)$,

$$-\lambda \frac{\partial T}{\partial x} = h(T_w - T_a) \tag{3.18}$$

式中　　h——表面传热系数,W/(m² · K);

T_w——右侧壁面温度,K;

T_a——空气温度,K。

对于耦合面$(0 \leqslant x \leqslant r, 0 \leqslant y \leqslant D)$,

$$-\lambda_{copper} \frac{\partial T}{\partial x} = -\lambda_{HTF} \frac{\partial T}{\partial x} \tag{3.19}$$

式中,λ_{copper}——铜的导热系数。

对于耦合面$(r \leqslant x \leqslant r + \delta, 0 \leqslant y \leqslant D)$,

$$-\lambda_{copper} \frac{\partial T}{\partial x} = -\lambda_p \frac{\partial T}{\partial x} \tag{3.20}$$

式中　　λ_p——PCM 的导热系数。

传热流体入口与出口分别为速度入口边界$(T_{in} = 343\ K, u = 0.01\ m/s)$和压力出口边界,其余为绝热边界;初始条件为$u_{in} = 0$,初始化温度 $T_{ini} = 298\ K$。

3.2　数值求解与模型验证

采用有限体积法求解控制方程,采用焓－多孔介质法求解 PCM 相变,采用 SIMPLE 格式离散压力－速度耦合,采用二阶迎风格式对质量方程、动量方程和能量方程进行离散。动量、压力修正、能量和液相分数的松弛因子分别为 0.6、0.3、0.8 和 0.7。在瞬态求解过程中,为保证计算收敛性,质量方程和动量方程的收敛标准设置为1×10^{-6},能量方程的收敛标准设置为1×10^{-8}。

网格数量及时间步长均会影响数值模拟结果,需对网格数量和时间步长进行独立性验证。在相同的情况下测试了 13 750、97 777 和 220 000 三种网格数量及 0.1 s、0.25 s 和 0.2 s 三种时间步长对 PCM 液相分数的影响。图 3.2 所示为独立性测试结果,可以看出当网格数量增加到 97 777 后,继续增加网格数量后数值计算结果并没有明显的变化,为兼顾计算精度和计算时间成本,网格数量和时间步长分别选择 97 777 和 0.2 s。

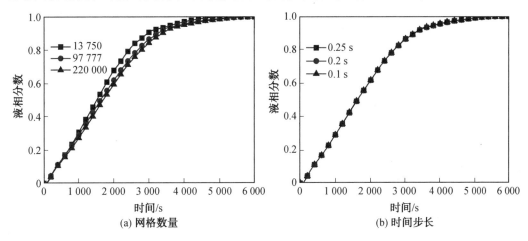

(a) 网格数量　　　　　　　　　(b) 时间步长

图 3.2　独立性测试结果

图 3.3 所示为模拟结果(模拟值)与文献试验结果(试验值)的比较及试验装置示意图。可以看出,模拟结果和文献试验结果之间的平均相对偏差为 1.8%。产生偏差的原因可归结为如下两点:一是模拟中设置的表面传热系数(3 W/(m² · K))和环境温度(25 ℃)均为常数;二是模拟中的 PCM 比热容和导热系数为常物性。

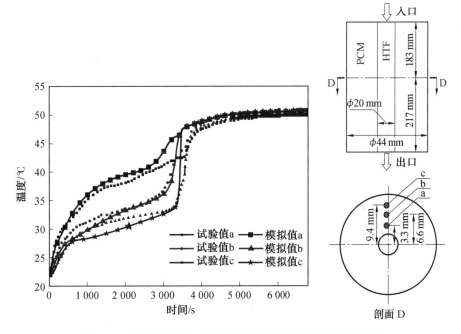

图 3.3　模拟结果与文献试验结果的比较及试验装置示意图

3.3　混合纳米 PCM 制备与物性参数

3.3.1　混合纳米 PCM 制备

试验所用纳米颗粒为 Zn 和 ZnO，标称直径 D 为 20 nm，纯度为 99.99％，购自上海麦克林生化科技有限公司。基液为 18 ℃ 石蜡，购自上海焦耳蜡业有限公司。分散剂选用十六烷基三甲基溴(CTAB)，购自上海笛柏生物科技有限公司。

试验所用仪器主要包括：电子天平(精度为 0.000 1 g)，HJ－5 型磁力搅拌器，KQ－300DB 数控超声振荡器，Hot Disk TPS 2200 热常数分析仪，TU－1900 双光束紫外可见分光光度计(光度准确度为 ±0.002 Abs)，以及 APTC－2 帕尔贴控制恒温器。

试验中涉及的石蜡和纳米颗粒热物性参数见表 3.1。

表 3.1　石蜡和纳米颗粒热物性参数

材料	石蜡	Zn 纳米颗粒	ZnO 纳米颗粒
密度 /(kg·m^{-3})	880	7 140	5 606
比热容 /(J·kg^{-1}·K^{-1})	2 240	390	580
导热系数 /(W·m^{-1}·K^{-1})	0.274	116	13
熔点 /K	291.15	—	—

采用"两步法"制备不同浓度的混合纳米 PCM。以二元混合纳米 PCM 为例。首先，选取石蜡体积并依据体积分数计算出相应分散剂质量与纳米颗粒质量。其次，利用电子天平称量分散剂并放入石蜡基液中进行磁力搅拌。转速设置为 600 r/min，时间设置为 15 min。将相应质量 Zn 和 ZnO 纳米颗粒分别添加到含有分散剂的石蜡基液中，在磁力搅拌器中以 600 r/min 的速度搅拌 15 min 后放入超声振荡器，以 80 kHz 的频率振荡 2 h。最后，将两种一元混合纳米 PCM 以相同的体积分数和比例混合，以 600 r/min 的速度磁力搅拌 30 min，超声振荡 2 h，混合纳米 PCM 制备完成。混合纳米 PCM 制备流程如图 3.4 所示。

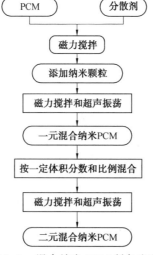

图 3.4　混合纳米 PCM 制备流程

3.3.2　混合纳米 PCM 物性参数试验

图 3.5 为导热特性试验装置示意图,主要包括 Hot Disk TPS 2200 热常数分析仪、探头、烧杯、恒温水浴锅和数据采集系统。如图所示,探头垂直放入置于烧杯中的纳米 PCM 样品。恒温水浴锅保证混合纳米 PCM 样品处于恒温液态。数据采集系统可依据测试温度和探头响应时间得到混合纳米 PCM 的导热系数。

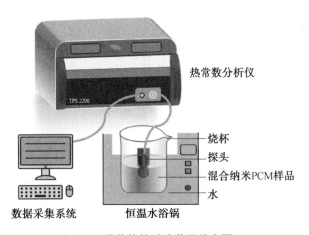

图 3.5　导热特性试验装置示意图

为分析混合纳米 PCM 的光吸收特性,进行透射光谱测量试验,设备主要包括 TU－1900 双光束紫外可见分光光度计(光度准确度为 ±0.002 Abs)、APTC－2 帕尔贴控制恒温器,以及不同光程的比色皿。首先帕尔贴控制恒温器设定恒温 25 ℃,将空比色皿放入双光束紫外可见分光光度计中。然后打开双光束紫外可见分光光度计,进行基线校正后将混合纳米 PCM 倒入空比色皿中。光源发出的单束光被分光镜分为两束强度相同、波长相同的光,用以测量透射率。为了保证测量的准确性,每组试验重复测量三次并取平均值。

图 3.6 为光热转换试验装置示意图,设备主要包括安捷伦温度巡检仪 34902A,TRM－PD 人工太阳模拟发射器,K 型热电偶(精度为 ±0.3 ℃)。将混合纳米 PCM 样品置于相同尺寸($D=77$ mm,$H=107$ mm)的几个玻璃烧杯中,并保持相同的液位高度,以保持相同的辐射接收面积。TRM－PD 人工太阳模拟发射器的辐射强度设定为 600 W/m²。通过放置在不同位置的 K 型热电偶测量每个烧杯内部混合纳米 PCM 温度,并将热电偶连接到安捷伦温度巡检仪上,数据采集时间间隔为 10 s,时长为 2 h。

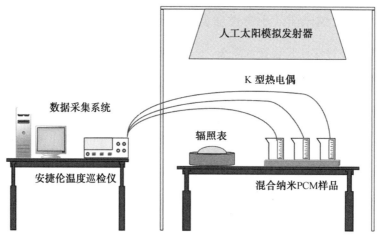

图 3.6　光热转换试验装置示意图

3.3.3　混合纳米 PCM 物性参数影响

图 3.7 所示为不同体积分数混合纳米 PCM 热物性(密度、比热容、导热系数)。由图

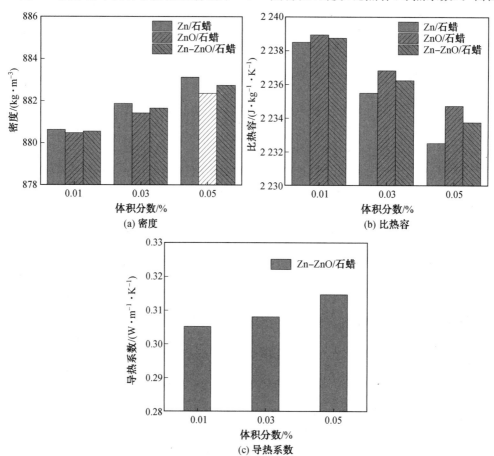

图 3.7　不同体积分数混合纳米 PCM 热物性

可知，混合纳米 PCM 密度随着体积分数的增加而增加，在相同体积分数时 Zn/ 石蜡、Zn－ZnO/ 石蜡、ZnO/ 石蜡的密度依次递减。混合纳米 PCM 的比热容随着体积分数的增加而减少，体积分数 0.05％ 时的比热容较体积分数 0.01％ 时减少 4.99 J/(kg・K)。混合纳米 PCM 的导热系数与石蜡基液相比均得到了提高，以体积分数 0.05％ 为例，Zn/ 石蜡、ZnO/ 石蜡及 Zn－ZnO/ 石蜡相比于石蜡基液分别提高了 11.35％、12.41％ 和 14.82％。

图 3.8 显示了不同体积分数（0.01％、0.03％ 和 0.05％），光程为 5 mm 时混合纳米 PCM 的透射率和太阳能加权吸收分数。图 3.8 表明体积分数与波长 380 ～ 780 nm 的光物性密切相关，混合纳米 PCM 的透射率随着体积分数的增加而降低。当体积分数为 0.01％、0.03％ 和 0.05％ 时，Zn-ZnO/ 石蜡的最大透射率分别为 81.9％、73.8％ 和 57.3％。从图 3.8(d) 中可以看出，与体积分数 0.01％ 相比，体积分数 0.03％ 和 0.05％ 的 Zn/ 石蜡、ZnO/ 石蜡及 Zn-ZnO/ 石蜡的太阳能加权吸收分数有明显的改善。体积分数对太阳能加权吸收分数的影响是非线性的，这可能与纳米颗粒稳定性有关。

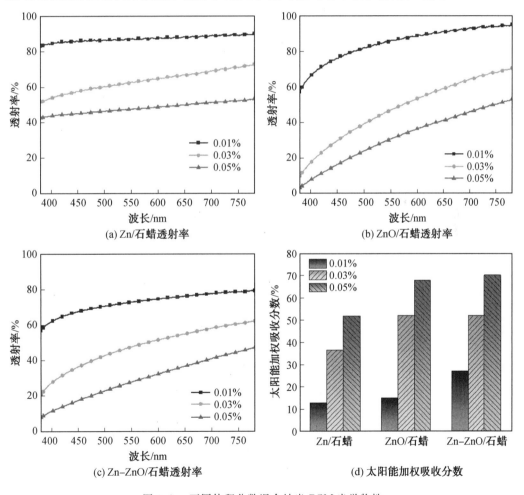

(a) Zn/石蜡透射率

(b) ZnO/石蜡透射率

(c) Zn-ZnO/石蜡透射率

(d) 太阳能加权吸收分数

图 3.8　不同体积分数混合纳米 PCM 光学物性

在 600 W/m² 辐射强度下体积分数对混合纳米 PCM 光热转换性能的影响如图 3.9 所示,不同体积分数混合纳米 PCM 的温度变化趋势相似。当人工太阳模拟发射器启动时,温度迅速上升,体积分数 0.05% 混合纳米 PCM 升温速度较 0.01% 和 0.03% 混合纳米 PCM 高。随着光照时间的增加,温度曲线呈现先缓慢增加,后迅速拉升,最后逐渐趋于平稳的趋势。当光照时间达到 70 min 时,温升速率减慢,接近热平衡状态。在体积分数为 0.01%、0.03% 和 0.05% 时,Zn-ZnO/ 石蜡的温差峰值分别为 19.11 ℃、21.48 ℃ 和 21.91 ℃。这表明,光热转换性能随着体积分数的增加而增强。120 min 后,人工太阳模拟发射器被关闭。随着时间增加,温度曲线呈现先快速降低,后逐渐趋于平稳的变化规律。温度最终维持在 22.9 ℃ 左右,与室温环境基本一致。

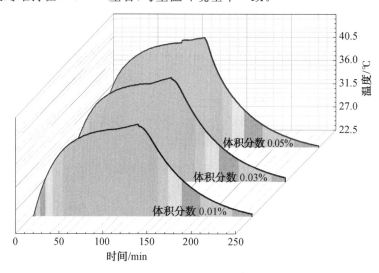

图 3.9　不同体积分数混合纳米 PCM 光热转换性能

3.4　管壳式相变储热单元影响因素分析

3.4.1　翅片参数影响

为评估不等长翅片布局、不等长翅片数量和不等长翅片总长度对 PCM 温度场、液相分数和储热量的影响,选择了 5 个参数作为评估指标:①PCM 平均温度;②PCM 液相分数;③PCM 潜热储热;④PCM 显热储热;⑤ 管壳式相变储热单元能效。PCM 潜热储热、PCM 显热储热和管壳式相变储热单元能效的计算式如下。

$$\Phi_{\mathrm{sh}} = m_{\mathrm{PCM}} c_{\mathrm{PCM}} (T_{\mathrm{PCM}} - T_{\mathrm{ini}}) \tag{3.21}$$

$$\Phi_{\mathrm{lh}} = m_{\mathrm{PCM}} \beta L \tag{3.22}$$

$$\varepsilon = \frac{T_{\mathrm{in}} - T_{\mathrm{out}}}{T_{\mathrm{in}} - T_{\mathrm{PCM}}} \tag{3.23}$$

式中　Φ_{sh}——PCM 显热储热,J;

Φ_{lh}——PCM 潜热储热,J;

ε——管壳式相变储热单元能效；

m_{PCM}——PCM 质量，kg；

c_{PCM}——PCM 比热容，J/(kg·K)；

T_{PCM}——PCM 平均温度，K；

T_{ini}——初始温度，K；

T_{in}——HTF 入口温度，K；

T_{out}——HTF 出口温度，K。

管壳式相变储热单元由两个高度为 400 mm 的同心套管组成，外层套管为直径 44 mm、厚度 4 mm 的有机玻璃，内层套管为直径 15 mm、厚度 2.5 mm 的铜管。厚度为 2 mm 的铜翅片以间隔 m 均匀地分布在内层套管的外表面上。环形空间填充石蜡，水作为传热流体，其流动方向为自顶部向下流动。表 3.2 为材料物性参数。

表 3.2 材料物性参数

材料	密度 /(kg·m⁻³)	比热容 /(J·kg⁻¹·K⁻¹)	导热系数 /(W·m⁻¹·K⁻¹)	相变温度 /℃	相变潜热 /(kJ·kg⁻¹)	热膨胀系数 /K⁻¹	动力黏度 /(kg·m⁻¹·s⁻¹)
石蜡	785	2 850	0.2(s)/0.1(l)	50～55	102.1	3.09×10^{-4}	3.65×10^{-3}
Cu	8 978	381	387.6	—	—	—	—
水	998	4 182	0.6	—	—	—	1.003×10^{-3}
有机玻璃	800	1 900	0.2	—	—	—	—

注：数字后(s)代表固体，(l)代表液体。

1. 不等长翅片布局的影响

本部分分析了不等长翅片布局下管壳式相变储热单元内 PCM 的流动传热情况，其中翅片总长度和翅片数量分别为 12 mm 和 3。本节中最大翅片长度比为 3，管壳式相变储热单元配置不等长翅片布局的仿真方案见表 3.3。

表 3.3 管壳式相变储热单元配置不等长翅片布局的仿真方案

案例	翅片数量	翅片长度 /mm	翅片长度比
A1	0	—	—
A2	3	4,4,4	1:1:1
A3	3	2,4,6	1:2:3
A4	3	6,4,2	3:2:1
A5	3	2.4,4.8,4.8	1:2:2
A6	3	4.8,4.8,2.4	2:2:1
A7	3	3,3,6	1:1:2
A8	3	6,3,3	2:1:1

图 3.10 所示为不同不等长翅片布局下 PCM 温度分布和液相分数（中心轴左侧为温度分布，右侧为液相分数）。有翅片管壳式相变储热单元的温度分布和液相分数均优于无

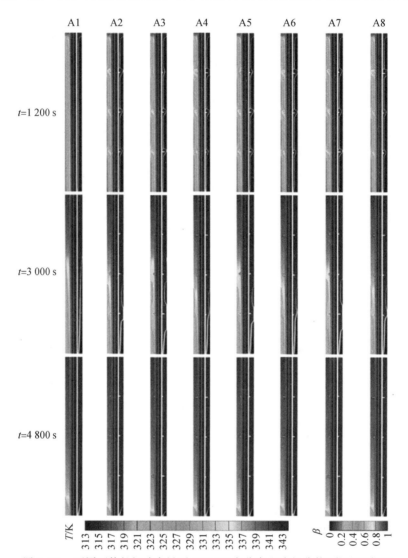

图 3.10　不同不等长翅片布局下 PCM 温度分布和液相分数(彩图见附录)

翅片管壳式相变储热单元(即案例 A1),说明内置翅片可强化 PCM 传热性能。在 $t=$ 1 200 s 时,受翅片布局影响,较长翅片靠近传热流体入口时,第一个翅片附近的 PCM 熔化区域较大。在 $t=4$ 800 s 时,熔化过程基本完成,管壳式相变储热单元底部只有一小部分 PCM 尚未熔化。出现上述结果的原因是使用长度递增的翅片时,PCM 对流作用增强,固液相界面长度延长,故 PCM 传热性能得到增强。

为定量分析不等长翅片布局对 PCM 传热性能的影响,图 3.11 给出了 PCM 的平均温度和平均液相分数。如图 3.11(a)所示,PCM 平均温度先快速上升,然后缓慢上升,直到稳定在 340 K 左右。当管壳式相变储热单元内置翅片时,PCM 传热性能得以强化,而不等长翅片布局对 PCM 平均温度影响较小,如 $t=3$ 000 s 时案例 A2～A8 的 PCM 平均温度分别为 334.52 K、334.16 K、334.88 K、334.37 K、334.59 K、334.38 K 和 334.76 K。如图 3.11(b)所示,添加翅片可显著加快 PCM 熔化速率,而且翅片的布置对 PCM 熔化速率也有影响,如 $t = 3\ 000$ s 时案例 A2 ~ A8 的 PCM 平均液相分数较案例 A1 分别提升 13.23%、18.49%、12.17%、14.76%、10.74%、15.93% 和 12.58%。就熔化性能而言,在 $3\ 000 \sim 4\ 800$ s 期间,最有效的翅片布局为案例 A3,其次为案例 A7、案例 A5、案例 A2、案例 A8、案例 A4 和案例 A6。这说明不等长翅片布局的强化传热效果排序为:递增翅片长度 > 等长翅片长度 > 递减翅片长度 > 无翅片。与等长翅片布局相比,案例 A3 可使 PCM 完全熔化时间减少 370 s,即平均熔化速率提升 6.17%。

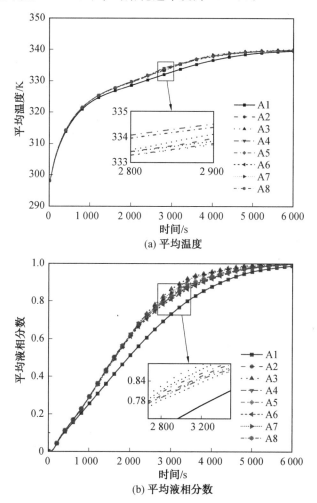

(a) 平均温度

(b) 平均液相分数

图 3.11　不同不等长翅片布局下 PCM 平均温度和平均液相分数

图 3.12 所示为不同不等长翅片布局下 PCM 显热储热和潜热储热。可见,PCM 显热储热和 PCM 潜热储热的变化趋势分别与 PCM 平均温度和 PCM 平均液相分数一致,其原因是在 PCM 质量、比热容、潜热和初始温度为常数条件下,显热储热(潜热储热)和 PCM 平均温度(PCM 平均液相分数)之间为线性函数关系(式(3.21)、式(3.22))。为阐释不等长翅片布局对 PCM 潜热储热的影响,图 3.12(b) 中划分了四个 PCM 熔化阶段:阶段 Ⅰ(波动期)、阶段 Ⅱ(快速增长期)、阶段 Ⅲ(增长衰退期)、阶段 Ⅳ(稳定期)。

在阶段 Ⅰ,受初始条件影响,固相PCM吸收高温HTF热量而逐渐熔化,PCM传热方式以热传导为主,潜热储热随熔化过程推进而增加,如 $t=200$ s 时案例 A2 ~ A8 的 PCM 潜热储热较案例 A1 分别提升 1.02%、1.03%、1.04%、1.02%、1.03%、1.02% 和 1.03%。在阶段 Ⅱ,传热方式开始从以热传导为主转变为以自然对流为主,导致潜热储热进一步增加,然而潜热储热的增长率变化却没有明显规律,如 $t=1\ 500$ s 时案例 A2 ~ A8 的 PCM 潜热储热较案例 A1 分别提升 1.16%、1.15%、1.17%、1.15%、1.17%、1.17% 和 1.17%。在阶段 Ⅲ,PCM 液相分数增加,潜热储热亦增加,但增加速率逐渐降低,其中递增不等长翅片布局下的 PCM 潜热储热依然高于等长翅片布局,如 $t=3\ 000$ s 时案例 A3 的 PCM 潜热储热较案例 A2 提升 3.84%。在阶段 Ⅳ,相变储热单元内置递增不等长翅片依然保持潜热储能优势,如 $t=4\ 800$ s 时案例 A3 的 PCM 潜热储热较案例 A2 提升 1.58%。

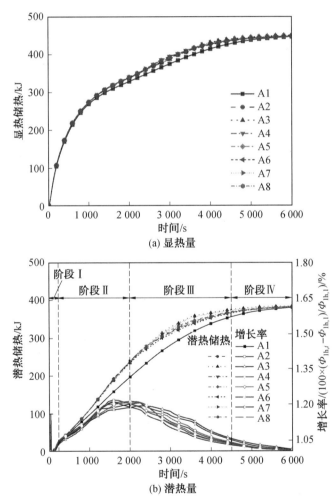

(a) 显热量

(b) 潜热量

图 3.12　不同不等长翅片布局下 PCM 显热储热和潜热储热

注: $\Phi_{lh,i}$ 和 $\Phi_{lh,1}$ 分别为有无翅片时的 PCM 潜热储热。

图 3.13 所示为 $t=3\ 000$ s 时不同不等长翅片布局下 PCM 平均液相分数和总储热量。案例 A1 的 PCM 平均液相分数为 0.728,案例 A2 为 0.825,案例 A3 为 0.863,案例 A4

为0.817,案例 A5 为 0.836,案例 A6 为 0.806,案例 A7 为 0.844,案例 A8 为 0.820。相应的总储热量分别为 654.78 kJ、705.86 kJ、714.39 kJ、706.80 kJ、708.50 kJ、699.69 kJ、711.92 kJ 和 706.57 kJ。与等长翅片(即案例 A2)相比,案例 A3 的总储热量增加了 1.21%。虽然总储热量增量较小,但这反映了不等长翅片相较于等长翅片的优势。综上所述,从强化传热和储能的角度来看,案例 A3 可作为最佳翅片布置方案。

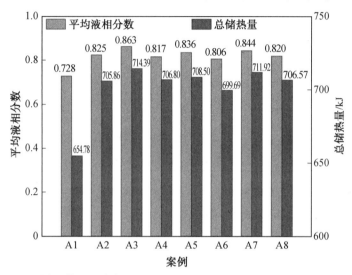

图 3.13　不同不等长翅片布局下 PCM 平均液相分数和总储热量($t = 3\,000$ s)

图 3.14 所示为不同不等长翅片布局下管壳式相变储热单元能效。相比于无翅片管壳式相变储热单元,添加翅片后的管壳式相变储热单元能效均有所提升,案例 A2 ～ A8 的能效较案例 A1 分别提升7.94%、9.52%、7.14%、7.94%、6.35%、7.94% 和 7.94%,主要原因是不等长翅片布局下的 HTF 出口温度和 PCM 平均温度不同。案例 A3 在能效方面提升量最大,案例 A6 提升量最小,案例 A2、案例 A5、案例 A7 和案例 A8 的能效提升量相同(与有效数字保留位数有关)。

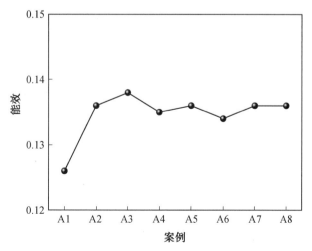

图 3.14　不同不等长翅片布局下管壳式相变储热单元能效

2. 不等长翅片数量的影响

本部分分析了不等长翅片数量对管壳式相变储热单元内PCM流动传热的影响,其中不等长翅片总长度为12 mm,最大翅片长度比为6。以递增不等长翅片布局为例,管壳式相变储热单元配置不等长翅片数量的仿真方案见表3.4。

表3.4 管壳式相变储热单元配置不等长翅片数量的仿真方案

案例	翅片数量	翅片长度/mm	翅片长度比
B1	0	—	—
B2	2	4,8	1:2
B3	3	2,4,6	1:2:3
B4	4	1.2,2.4,3.6,4.8	1:2:3:4
B5	5	0.8,1.6,2.4,3.2,4	1:2:3:4:5
B6	6	0.57,1.14,1.71,2.29,2.86,3.43	1:2:3:4:5:6

图3.15所示为不同不等长翅片数量下PCM平均液相分数。相比于无翅片管壳式相变储热单元,PCM平均液相分数提升率随着不等长翅片数量增加而降低,但与熔化时间的关系无明显规律。如$t=1\ 200$ s时,案例B1~B6的PCM平均液相分数分别为0.305、0.354、0.352、0.350、0.348和0.346,案例B2~B6的PCM平均液相分数较案例B1分别提升16.07%、15.41%、14.75%、14.10%和13.44%。相比于案例B1,案例B2在$t=1\ 200$ s、$t=3\ 000$ s和$t=4\ 800$ s时的PCM平均液相分数分别提升16.07%、18.95%和5.52%,PCM平均液相分数提升率先增加后减少;对应同时刻下,案例B6的PCM平均液相分数较案例B1分别提升13.44%、10.83%和2.83%,PCM平均液相分数提升率逐渐减少。这表明翅片数量对PCM传热性能起着重要作用,但不同时刻的强化传热能力不同,主要原因是增加不等长翅片数量,PCM自然对流受到相变储热单元的限制,导致PCM流动传热的形成、发展等过程表现出熔化时间相关性。

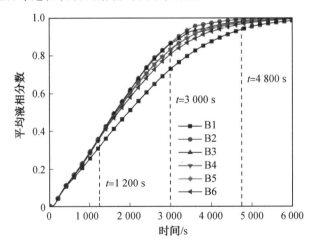

图3.15 不同不等长翅片数量下PCM平均液相分数

　　图 3.16 所示为不同不等长翅片数量下 PCM 显热储热和潜热储热。由图 3.16(a) 可以看出,有翅片管壳式相变储热单元的显热储热高于无翅片(即案例 B1),且 2 翅片时的强化显热储能能力较优,而 6 翅片时的强化显热储能能力较弱,如在 $t=1\ 200\ \text{s}$、$t=3\ 000\ \text{s}$ 和 $t=4\ 800\ \text{s}$ 时,2 翅片和 6 翅片的显热储热较案例 B1 分别增加 1.88% 和 1.75%,5.71% 和 2.17%,2.73% 和 1.21%。图 3.16(b) 显示,随着不等长翅片数量增加,管壳式相变储热单元的潜热储热呈现降低趋势,但其值仍高于无翅片情况。相比于案例 B1,案例 B2 在 $t=1\ 200\ \text{s}$、$t=3\ 000\ \text{s}$ 和 $t=4\ 800\ \text{s}$ 时的潜热储热分别增加 15.35%、18.36% 和 4.99%。结合图 3.16(a) 和图 3.16(b),不同熔化时期的显热储热与潜热储热之间的增量大小关系有所不同。以案例 B2 为例,在 $0\sim1\ 000\ \text{s}$ 期间,显热储热和潜热储热的增量分别为 272.15 kJ 和 110.34 kJ,显热储热增量是潜热储热增量的 2.47 倍,潜热储热增量低于显热储热增量;在 $2\ 000\sim3\ 000\ \text{s}$ 期间,显热储热和潜热储热的增量分别为 56.67 kJ 和 125.27 kJ,潜热储热增量是显热储热增量的 2.21 倍,潜热储热增量高于显热储热增量;

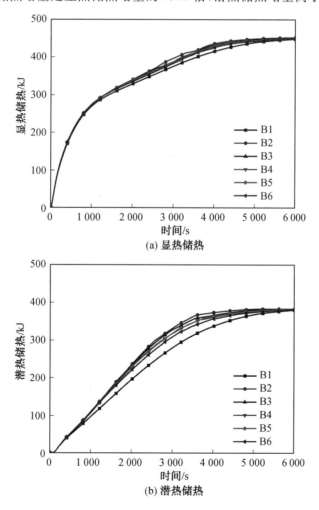

图 3.16　不同不等长翅片数量下 PCM 显热储热和潜热储热

在 5 000～6 000 s 期间,显热储热和潜热储热的增量分别为 3.51 kJ 和 0.60 kJ,显热储热增量是潜热储热增量的 5.85 倍,潜热储热增量低于显热储热增量。显热储热增量与潜热储热增量的变化关系反映出不等长翅片数量和熔化时间对 PCM 流动传热的影响。

图 3.17(a)所示为 $t=3\,000$ s 时不同不等长度翅片数量下 PCM 平均液相分数和总储热量。可以看出,PCM 平均液相分数的大小顺序为:案例 B2 ＞ 案例 B3 ＞ 案例 B4 ＞ 案例 B5 ＞ 案例 B6 ＞ 案例 B1。另一方面,案例 B2 的总储热量为 727.60 kJ,其后由大到小依次为案例 B3(714.39 kJ)、案例 B4(704.48 kJ)、案例 B5(702.56 kJ)、案例 B6(691.68 kJ)和案例 B1(654.78 kJ)。相比于案例 B1,案例 B2、案例 B6 的总储热量增量分别为72.82 kJ(11.12%)和 36.90 kJ(5.64%)。案例 B2 在传热和储能性能上具有明显的优势,可以作为最佳的不等长翅片数量方案。

图 3.17(b)显示了不同不等长翅片数量下管壳式相变储热单元能效。由图可知,相比于无翅片管壳式相变储热单元,添加翅片后的管壳式相变储热单元能效均有所提升,但

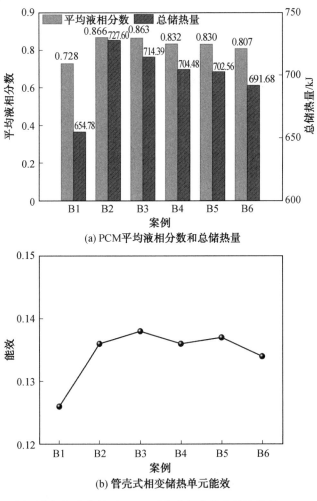

(a) PCM平均液相分数和总储热量

(b) 管壳式相变储热单元能效

图 3.17 不同不等长翅片数量下 PCM 平均液相分数和总储热量($t = 3\,000$ s)
及管壳式相变储热单元能效

受不等长翅片数量影响,其提升量略有不同。与无翅片管壳式相变储热单元(案例 B1) 相比,案例 B2 ～ B6 的能效分别提升 7.94%、9.52%、7.94%、8.73% 和 6.35%,案例 B3 在能效方面提升量最大,案例 B2 和案例 B4 提升量相同,而案例 B6 提升量最小。

3. 不等长翅片总长度的影响

本部分分析了不等长翅片总长度对管壳式相变储热单元传热与储热的影响,其中不等长翅片总长度分别为 0 mm(案例 C1)、6 mm(案例 C2)、9 mm(案例 C3)、12 mm(案例 C4)、15 mm(案例 C5)、18 mm(案例 C6) 和 21 mm(案例 C7)。以递增不等长翅片长度布局为例,不等长翅片数量为 3,且翅片长度比均为 1 : 2 : 3。

图 3.18 所示为不同不等长翅片总长度下 PCM 液相分数。增加不等长翅片总长度可提高 PCM 熔化速度,与案例 C1 ～ C4 相比,案例 C5 ～ C7 的完全熔化速度更快。以案例 C6 和案例 C7 为例,1 200 ～ 3 000 s 期间,固相 PCM 体积逐渐减少,而 3 000 s 时中上部的

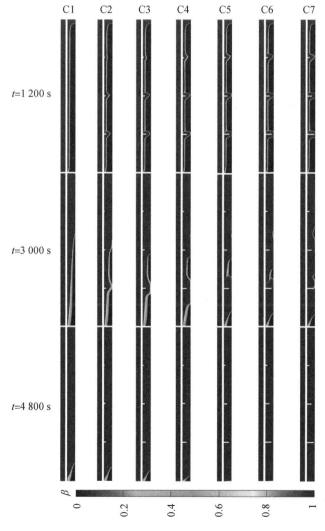

图 3.18　不同不等长翅片总长度下 PCM 液相分数(彩图见附录)

两个翅片间的 PCM 仍未完全熔化,这与案例 C1 ～ C4 不同。综上,增加不等长翅片总长度可以改善 PCM 的传热性能。在 $t = 4\,800$ s 时,对比案例 C1 ～ C7 可知一定的不等长翅片总长度范围内较长不等长翅片总长度强化传热的优势明显。

图 3.19 所示为不同不等长翅片总长度下 PCM 平均液相分数。熔化初期,不同案例的 PCM 平均液相分数基本相等。随着时间增加,不等长翅片总长度对平均液相分数的改善作用逐渐明显。由表 3.5 可看出,案例 C1 在 6 000 s 时的最大液相分数为 0.986,案例 C2 为 0.991,案例 C3 为 0.995,而案例 C4 ～ C7 分别在 5 630 s、4 940 s、4 900 s 和 4 730 s 时完全熔化。相比于案例 C1,案例 C7 的完全熔化时间提前 1 270 s,熔化速率提升 21.17%。

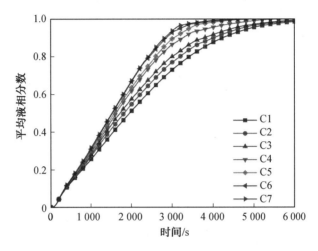

图 3.19　不同不等长翅片总长度下 PCM 平均液相分数

表 3.5　不同不等长翅片总长度下最大液相分数及其出现时刻

案例	最大液相分数	最大液相分数出现时刻 /s	与案例 C1 相比提前时间 /s
C1	0.986	6 000	0
C2	0.991	6 000	0
C3	0.995	6 000	0
C4	1	5 630	370
C5	1	4 940	1 060
C6	1	4 900	1 100
C7	1	4 730	1 270

图 3.20 所示为不同不等长翅片总长度下 PCM 显热储热和潜热储热。可以明显看出,增加不等长翅片总长度,显热储热和潜热储热增加。在整个储热过程中,案例 C6 和案例 C7 的显热储热和潜热储热曲线变化相近,如在 $t = 1\,200$ s、$t = 3\,000$ s 和 $t = 4\,800$ s 时,案例 C6 和案例 C7 的显热储热(潜热储热)分别为 292.50 kJ 和 293.35 kJ(144.11 kJ 和 146.43 kJ)、400.05 kJ 和 402.17 kJ(353.41 kJ 和 356.35 kJ)、446.43 kJ 和 446.84 kJ(381.69 kJ 和 381.36 kJ),案例 C6 和案例 C7 的显热储热(潜热储热)最大相对偏差为 0.53%(1.61%)。主要

原因是增加不等长翅片总长度会减少 PCM 容量,且增加不等长翅片总长度引起的强化传热效果抵消了 PCM 储热的减少。结合图 3.18～3.20,案例 C6 可以选择为最佳的不等长翅片总长度方案。

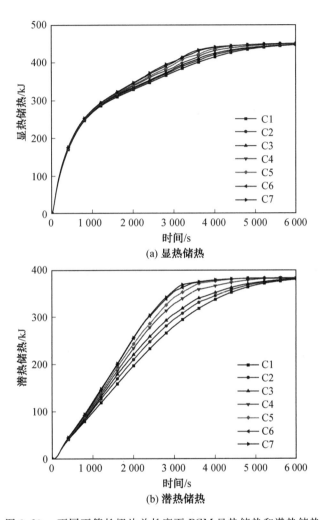

图 3.20　不同不等长翅片总长度下 PCM 显热储热和潜热储热

图 3.21 所示为不同不等长翅片总长度下管壳式相变储热单元能效。由图可知,相比于无翅片管壳式相变储热单元,添加翅片后的管壳式相变储热单元能效有所提升,但受不等长翅片总长度影响,相变储热单元 HTF 出口温度和 PCM 平均温度不同,故而能效不同。相比于无翅片管壳式相变储热单元(案例 C1),案例 C2～C7 的能效分别提升 3.17%、5.56%、9.52%、8.73%、12.70% 和 15.08%。

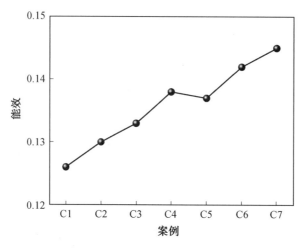

图 3.21　不同不等长翅片总长度下管壳式相变储热单元能效

3.4.2　纳米颗粒参数影响

为克服一元纳米颗粒强化传热不足的缺点,提出采用多元纳米颗粒的协同效应以强化 PCM 的传热性能。为评估多元纳米颗粒相变储热单元在传热和储热方面的性能,选取温度场分布、PCM 平均温度、PCM 速度场分布、储热量、储热密度、储热速率等参数。

1. 评价参数

(1)储热量。

相变储热单元的储热量包括显热量和潜热量,其计算式为

$$Q_{\text{total}} = Q_{\text{ss}} + Q_{\text{sl}} \tag{3.24a}$$

$$Q_{\text{ss}} = m_{\text{hy}} c_{\text{hy}} (T_{\text{hy}} - T_{\text{ini}}) \tag{3.24b}$$

$$Q_{\text{sl}} = m_{\text{hy}} \beta L_{\text{hy}} \tag{3.24c}$$

式中　　Q_{total}——储热量,kJ;

Q_{ss}——显热量,kJ;

Q_{sl}——潜热量,kJ。

(2)储热密度。

相变储热单元的储热密度(energy storage density,ESD)是指单位质量 PCM 的储热量。该参数反映了相变储热单元的储热潜力,其计算式为

$$\text{ESD} = \frac{Q_{\text{total}}}{m_{\text{hy}}} \tag{3.25}$$

(3)储热速率。

储热速率(energy storage rate,ESR)是评价相变储热单元热性能的一个关键参数,它反映了相变储热单元内 PCM 的储热速度,其计算式为

$$\text{ESR} = \frac{Q_{\text{total}}}{t} \tag{3.26}$$

为对比分析纳米颗粒参数对管壳式相变储热单元传热和储能性能的影响,以纯石蜡

为对照组,采用式(3.27a)和式(3.27b)进行分析:

$$\Delta(\alpha) = \frac{\sigma_2 - \sigma_1}{\sigma_1} \times 100\% \tag{3.27a}$$

$$\varphi(\alpha) = \sigma_2 - \sigma_1 \tag{3.27b}$$

式中　Δ—— 目标值较参考值的提升率;

φ—— 目标值与参考值的差值;

σ_1,σ_2—— 目标值和参考值。

由于金属氧化物性质稳定,选择 Al_2O_3、TiO_2 和 CuO 纳米颗粒作为强化介质,其物性参数见表 3.6。混合纳米 PCM 可分为一元混合纳米 PCM、二元混合纳米 PCM 和三元混合纳米 PCM。借鉴现有纳米颗粒体积分数影响 PCM 传热性能研究现状,本书中最大纳米颗粒体积分数选为 5%,纳米颗粒间体积分数的最大比例为 2,混合纳米 PCM 配置方案见表 3.7,其中石蜡物性参数见表 3.2。

表 3.6　纳米颗粒物性参数

材料	密度 /(kg·m^{-3})	比热容 /(J·kg^{-1}·K^{-1})	导热系数 /(W·m^{-1}·K^{-1})	热膨胀系数 /K^{-1}
Al_2O_3	3 790	765	40	5.8×10^{-6}
TiO_2	4 250	686.2	8.9	9×10^{-6}
CuO	6 500	535.6	20	4.3×10^{-6}

表 3.7　混合纳米 PCM 配置方案

类型	名称	纳米颗粒 体积分数	纳米颗粒 体积分数比
石蜡	PCM	—	—
一元混合纳米 PCM	Al_2O_3-PCM	5%	1
	TiO_2-PCM	5%	1
	CuO-PCM	5%	1
二元混合纳米 PCM	Al_2O_3-TiO_2-PCM	2.5% Al_2O_3 + 2.5% TiO_2	1∶1
		1.67% Al_2O_3 + 3.34% TiO_2	1∶2
		3.34% Al_2O_3 + 1.67% TiO_2	2∶1
	Al_2O_3-CuO-PCM	2.5% Al_2O_3 + 2.5% CuO	1∶1
		1.67% Al_2O_3 + 3.34% CuO	1∶2
		3.34% Al_2O_3 + 1.67% CuO	2∶1
	TiO_2-CuO-PCM	2.5% TiO_2 + 2.5% CuO	1∶1
		1.67% TiO_2 + 3.34% CuO	1∶2
		3.34% TiO_2 + 1.67% CuO	2∶1

续表3.7

类型	名称	纳米颗粒 体积分数	纳米颗粒 体积分数比
三元混合纳米 PCM	Al_2O_3-TiO_2- CuO -PCM	1.67% Al_2O_3 $+1.67\%$ TiO_2 $+1.67\%$ CuO	1 : 1 : 1
		1.25% Al_2O_3 $+1.25\%$ TiO_2 $+2.5\%$ CuO	1 : 1 : 2
		1.25% Al_2O_3 $+2.5\%$ TiO_2 $+1.25\%$ CuO	1 : 2 : 1
		2.5% Al_2O_3 $+1.25\%$ TiO_2 $+1.25\%$ CuO	2 : 1 : 1
		1% Al_2O_3 $+2\%$ TiO_2 $+2\%$ CuO	1 : 2 : 2
		2% Al_2O_3 $+1\%$ TiO_2 $+2\%$ CuO	2 : 1 : 2
		2% Al_2O_3 $+2\%$ TiO_2 $+1\%$ CuO	2 : 2 : 1

2. 影响分析

（1）温度场分布。

选择 Al_2O_3-PCM、Al_2O_3-CuO -PCM（纳米颗粒体积分数比 1 : 1）和 Al_2O_3-TiO_2-CuO -PCM（纳米颗粒体积分数比 1 : 1 : 1）作为一元、二元和三元混合纳米 PCM，图 3.22 所示为混合纳米 PCM 管壳式相变储热单元温度场分布。由图可知，在 $t=600$ s、

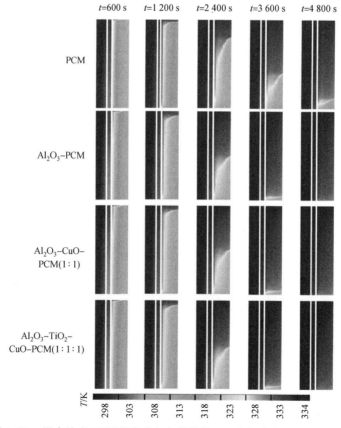

图 3.22　混合纳米 PCM 管壳式相变储热单元温度场分布（彩图见附录）

$t=1\,200\,\mathrm{s}$ 和 $t=2\,400\,\mathrm{s}$,同一时刻管壳式相变储热单元内混合纳米 PCM 的温度分布相似,呈"尖峰"型分布,这与混合纳米 PCM 自然对流的影响有关。另一方面,相比于纯 PCM,混合纳米 PCM 的传热速率更快且温度分布更加均匀。Al_2O_3-PCM、Al_2O_3-CuO-PCM(1∶1) 和 Al_2O_3-TiO_2-CuO-PCM(1∶1∶1) 的温度场分布和变化趋势是相似的。(括号中的数字代表对应的纳米颗粒体积分数比,下同。)

（2）PCM 平均温度。

为定量评估纳米颗粒组合类型和纳米颗粒体积分数对相变储热单元传热和储热性能的影响,图 3.23 给出了 PCM 平均温度。如图所示,无论是一元混合纳米 PCM、二元混合纳米 PCM 还是三元混合纳米 PCM,PCM 平均温度的变化趋势相似,即混合纳米 PCM 平均温度呈现先提升后降低的变化趋势。 相比于纯石蜡,TiO_2-PCM、Al_2O_3-TiO_2-PCM (1∶2) 和 Al_2O_3-TiO_2-CuO-PCM(2∶2∶1) 的平均温度最大提升率均为 1.53%。

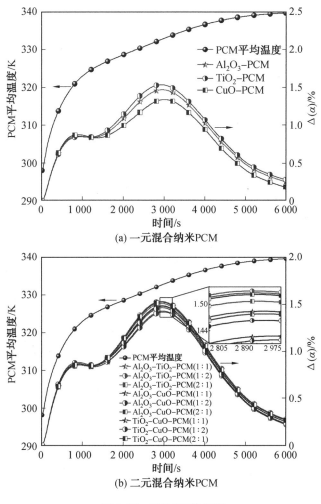

图 3.23　PCM 平均温度

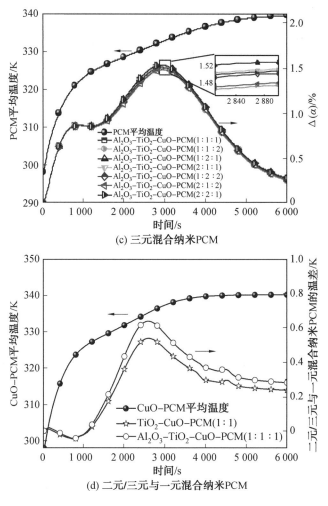

(c) 三元混合纳米PCM

(d) 二元/三元与一元混合纳米PCM

续图 3.23

图 3.23(d)为二元/三元和一元混合纳米 PCM 的平均温度。由图可知,二元/三元混合纳米 PCM 和一元混合纳米 PCM 的温差先减小后增大,然后再缓慢下降直到稳定。二元和三元混合纳米 PCM 的平均温度高于一元混合纳米 PCM,特别是三元混合纳米 PCM。二元/三元和一元混合纳米 PCM 的最大温差分别为 0.54 K 和 0.64 K,6 000 s 时二元/三元和一元混合纳米 PCM 的温差分别 0.24 K 和 0.28 K。出现此结果的原因与纳米颗粒物性参数有关。由表 3.6 可知,CuO、TiO₂ 和 Al₂O₃ 纳米颗粒的容积热容分别为 3.48×10^6 J/(m³·K)、2.92×10^6 J/(m³·K)和 2.90×10^6 J/(m³·K),其值依次递减,表明单位体积 PCM 添加 CuO、TiO₂ 和 Al₂O₃ 纳米颗粒后每升高 1 K 所需热量依次减少,故而在相同热源条件下 Al₂O₃-TiO₂-CuO-PCM(1∶1∶1)的温升高于 TiO₂-CuO-PCM(1∶1)。

(3)PCM 速度场分布。

图 3.24 所示为混合纳米 PCM 速度场分布。相比于纯 PCM,混合纳米 PCM 的流速较高、影响范围较大。但纳米颗粒组合类型和纳米颗粒体积分数对混合纳米 PCM 速度分布

影响较小。$t=1\,200$ s 时,纯 PCM、Al_2O_3-PCM、Al_2O_3-CuO-PCM(1:1) 和 Al_2O_3-TiO_2-CuO-PCM(1:1:1) 的平均流速分别为 1.54×10^{-4} m/s、2.32×10^{-4} m/s、2.16×10^{-4} m/s 和 2.39×10^{-4} m/s。就熔化过程的 PCM 速度分布而言,初始时刻靠近 HTF 通道的混合纳米 PCM 熔化成液相状态,形成一个薄的糊状带,$t=600$ s 时,糊状带中存在速度梯度。随着时间的推移,由于热边界层的影响,HTF 通道附近的非均匀传热特性导致从上到下的 PCM 液相区域增加,而相变储热单元右下角的混合纳米 PCM 在 $1\,200\sim$ 3 600 s 期间保持固相,无流动现象。随着熔化时间增加,固相混合纳米 PCM 面积缩小,$t=4\,800$ s 时熔化界面消失且 PCM 发生流动。由于传热性能较弱,位于相变储热单元右下角的少量纯 PCM 仍处于固相状态。

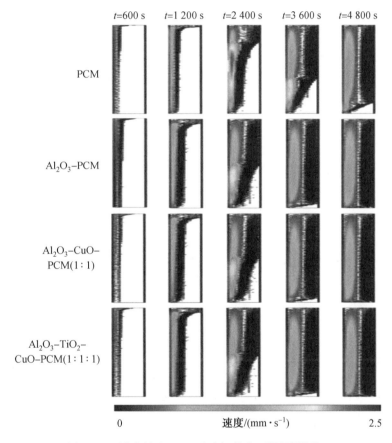

图 3.24　混合纳米 PCM 速度场分布(彩图见附录)

3.5　相变储热罐静态储热特性研究

改变相变储热罐内储热单元结构可强化 PCM 传热性能进而提高相变储热罐储热效果,其中增大相变储热单元与热媒接触面积是常用的强化方式。球型相变储热单元(相变球)具有较大的比表面积(即换热面积与体积之比),可大幅度降低相变储热单元融化时间。本节建立相变储热罐流动传热模型,研究不同工况下球型相变储热单元的传热与储热特性,分析热媒流速和入口温度对大体积相变储热单元储热规律的影响,为相变储热罐应用于原油维温领域提供理论参考。

3.5.1　相变储热罐数理模型

依据实体相变储热罐建立相变储热罐三维模型,建立一个直径 1.2 m、高度 1.5 m 的圆柱形罐体(图 3.25),罐体内充满水,并以水作为传热介质,在水中放置一定数量的相变球,相变球外壳采用铜制,其内填充熔点为 313 K 的石蜡。由于圆柱体具有对称性,可将其简化为二维模型。考虑储热需求与工程简化,设计 3 种相变球布局方案,分别为 M1、M2 和 M3。M1 和 M2 均放置了 16 个直径为 200 mm 的相变球,M3 放置了 14 个直径为 213.8 mm 的相变球,如图 3.26 所示。各层相变球从上至下为 L1、L2、L3 和 L4。被储存的热能来源于从外界水平插入罐体的 4 根加热管,加热管内通入温度 353 K 的热水,将 353 K 的水温看作加热管壁的温度。材料的物性参数见表 3.8。

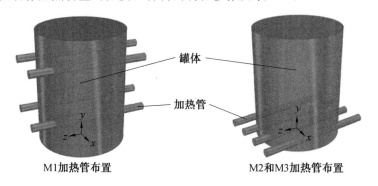

图 3.25　相变储热罐加热管布置示意图

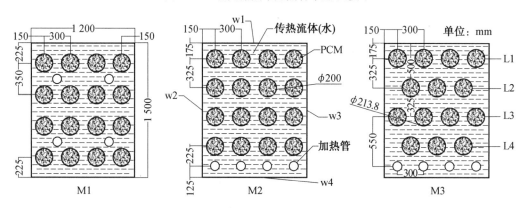

图 3.26　三种相变储热罐模型剖面示意图

表 3.8　水和 PCM 的物性参数

参数	水	PCM
密度 $\rho/(\text{kg} \cdot \text{m}^{-3})$	988	800
摩尔定压热容 $C_p/(\text{J} \cdot \text{kg}^{-1} \cdot \text{K}^{-1})$	4 174	2 800,2 400*
导热系数 $\lambda/(\text{W} \cdot \text{m}^{-1} \cdot \text{K}^{-1})$	0.635	0.3
黏度 $/(\text{kg} \cdot \text{m}^{-1} \cdot \text{s}^{-1})$	1.003×10^{-3}	3.1×10^{-2}
热膨胀系数 α/K^{-1}	4.57×10^{-4}	8×10^{-4}
潜热 $Q_c/(\text{J} \cdot \text{kg}^{-1})$	0	201 680
固相温度 T_g/K	0	313
液相温度 T_r/K	0	315

* 对应温度：$0 \sim 313 \text{ K},315 \sim 400 \text{ K}$。

模型假设如下。

（1）忽略相变球的外壳厚度的影响；

（2）水和 PCM 的密度采用 Boussinesq 假设，PCM 的比热容采用分段线性设置，其余参数均为常数；

（3）加热管内的水温与管壁温度视为相等；

（4）为保证各模型 PCM 所需求的热量保持一致，每个模型的相变球总面积相等；

（5）左右两边的罐壁视作绝热壁面。

对于壁面，用 w1、w2、w3 和 w4 分别代表上外壁面、左外壁面、右外壁面和下外壁面。w1 为第 3 类边界条件，w2 和 w3 为绝热壁面，w4 接触地面，地面近似看作恒定温度，有

$$
\begin{cases}
-\lambda \left(\dfrac{\partial T}{\partial n} \right)_{\text{w1}} = h_{\text{air-w1}} (T_{\text{w1}} - T_{\text{air}}) \\
q_{\text{w2}} = q_{\text{w3}} = 0 \\
T_{\text{w4}} = 310 \text{ K}
\end{cases}
\tag{3.28}
$$

初始条件设加热管表面温度 T_{hp} 为 353 K，除热源以外的其他区域温度均为 310 K，即

$$
\begin{cases}
T_{\text{hp}} = 353 \text{ K} \\
T_{\text{others}} = 310 \text{ K}
\end{cases}
\tag{3.29}
$$

3.5.2　数值求解与模型验证

在数值模拟的物理模型中，选择从层流向湍流过度的转捩 k－kl－omega 模型，设置重力（-9.8 m/s^2），压力－速度耦合方案采用 Coupled，梯度离散方法采用 Least Squares Cell Based，压力离散方法采用 PRESTO!，动量离散和湍流动能离散方法采用二阶迎风格式，层流动能离散方法采用三阶 MUSCL 格式，能量离散方法采用二阶迎风格式，时间离散格式采用二阶隐式格式。

采用自适应（Adaptive）时间步长，固定计算时长为 28 800 s，初始时间步长为 0.1 s，最大时间步长为 10 s，最大和最小阶跃变化因子分别为 2 和 0.5。经试计算，最终确定库

朗数为30。连续性和动量收敛标准为1×10^{-4},能量的收敛标准为1×10^{-6}。

以M3为例,进行网格独立性验证。图3.27显示了不同网格数量下相变球内PCM平均液相分数。在储热过程开始的第25 min到第270 min内,三种网格数量的平均液相分数结果出现明显区别。考虑计算时间成本和计算精度,网格数量选用53 962。

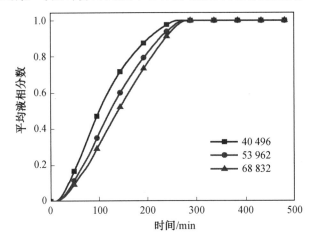

图3.27　不同网格数量下相变球内PCM平均液相分数

3.5.3　储热特性分析与温度分布

1. M1储热特性分析

图3.28为M1储热8 h的传热流体温度云图(图3.28(a)),相变球液相云图(图3.28(b))和流体速度矢量云图(图3.28(c))。图中显示L1～L3的PCM均已熔化,L4的PCM仍有部分固相存在。原因是四根加热管均布置在L4的上方,加热管周围的传热流体受热上升,与上方的冷水相对运动从而形成涡流,强烈的涡流环在L1至L3区域内运动,但在L4区域内仍存在非常微小的涡流。在加热管上方及两个相变球之间涡流循环十分强烈,而加热管下方流体流动速度明显低于其上方,于是在L4与下层加热管之间形成斜温层。在斜温层的下方,热量的传导方式主要依靠导热,只有极少数的对流换热发生,温度分布出现严重分层,最终导致L4的PCM无法在规定时间内完全熔化。图3.29显示了L1、L2、L3和L4层相变球的液相分数。可以看出,L1～L3的熔化情况较好,从开始加热到完全熔化用时246 min,同一时刻L4的液相分数仅有0.44,且其8 h时刻的液相分数仅有0.76。以上分析进一步表明换热"死区"的存在,尚需优化相变球和加热管布局以期强化相变储热罐储热特性。

2. M2和M3储热特性分析

图3.30所示为M2与M3的流体域、相变球及相变储热罐整体平均温度。总体来看,前270 min内,流体域的温升速率远大于相变球的温升速率,这一阶段相变球与流体域的温差逐渐增加。随着二者温差的增加,相变球边界的热流密度也在不断增加。从图3.30所示相变储热罐整体平均温度曲线来看,前75 min内,相变储热罐整体平均温度上升最快,加热管与传热流体的热流密度很高,平均热流密度为21 900 W/m^2。75 min之后传

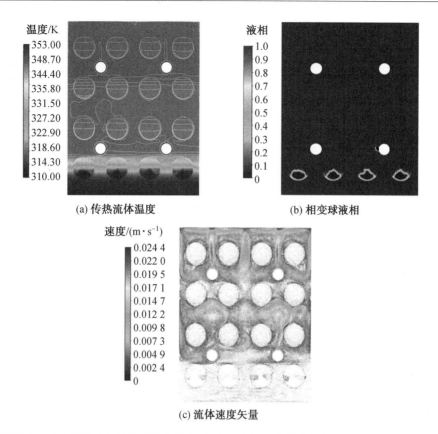

(a) 传热流体温度

(b) 相变球液相

(c) 流体速度矢量

图 3.28　M1 储热 8 h 的传热流体温度、相变球液相和流体速度矢量云图(彩图见附录)

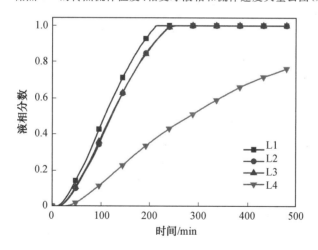

图 3.29　M1 的 PCM 液相分数

热流体的温升趋势开始逐渐平缓,但相变球的温升趋势持续。随着储热过程的不断进行,从第 265 min 开始,温度的上升曲线出现拐点,相变球温度曲线的斜率陡然升高。直至 290 min,相变球温升曲线再次出现拐点。300 min 至 480 min,流体域、相变球及相变储热罐整体平均温度曲线变化趋势保持一致,流体域与相变球的温差逐渐缩小,温度逐渐接近,二者在480 min时的最大温差仅0.6 K。

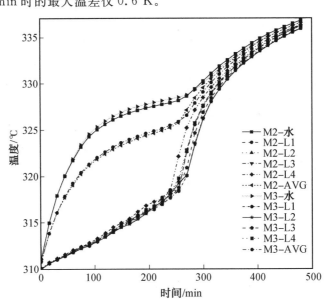

图3.30　M2与M3的流体域(M2－水与M3－水)、相变球及相变储热罐整体
(M2－AVG与M3－AVG)平均温度

如图 3.31(a) 所示,最大热流密度出现在第 195 min 时 M3 的 L3,达到 2 109.93 W/m²,图中负号表示热量从传热流体进入相变球中。由图3.31(b)可知,M2 和 M3 的加热管在第 120 min 时热流密度相差较大,其值分别为 15 739 W/m² 和 14 411 W/m²,二者相差9.2%,表明前者的储热能力强于后者。因为石蜡类PCM的导热系数仅为水的1/2,所以相变球的温度变化总是略微滞后于流体域温度变化,曲线变化由于传热特性不同略有区别,但总体变化趋势基本一致。

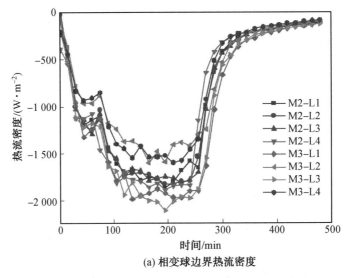

(a) 相变球边界热流密度

图3.31　M2和M3相变球边界及加热管边界热流密度

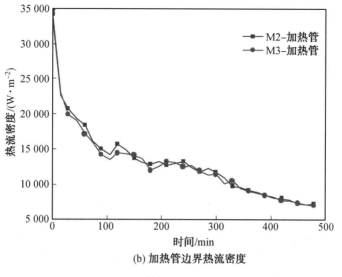

(b) 加热管边界热流密度

续图 3.31

图 3.32 所示为 M2 和 M3 相变球的液相分数。PCM 的液相分数达到 1,表明 PCM 完全熔化。如图 3.33 所示,在第 270 min,M2 中的 PCM 均已完全熔化,M3 中 L1 与 L2 仍有部分 PCM 未完全熔化。M2 的 L4 在第 244 min 时完全熔化,L2 最晚熔化,其液相分数在第 260 min 到达 1;M3 中 L4 在第 261 min 最先完全熔化,L2 在第 273 min 完全熔化。M2 的完全熔化时间比 M3 快了 5%。

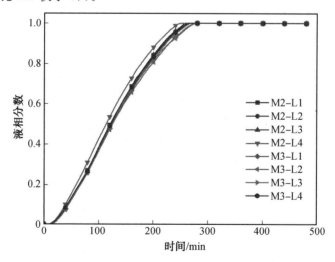

图 3.32　M2 和 M3 相变球的液相分数

M2 的 L4 完全熔化的时间相较于 M3 的 L4 快了 17 min,其原因在于两者加热管和 L4 的相对位置不同。M2 中 4 根加热管与 L4 中的 4 个相变球两两对齐,使上升的热流能够首先接触到相变球的外壁,而 M3 中的加热管与相变球呈错位关系,导致热流没有直接接触到其外壁,故 M2 的 L4 相较于 M3 的 L4 先开始熔化。同时,两种模型的储热过程显示并非离加热管最远的 PCM 最后熔化,表明储热罐中传热流体的纵向温度分布并非从上到下依次递增,而是存在内部温度较低的区域,原因是加热管产生的热流不断上升,最后到达储热罐的上壁而停止,促使较多的热量堆积在储热罐的上部,或有部分热流流到 L1 顶部,L1 比 L2 接收到更多热量从而更先熔化。

由图 3.33 分析,相较于 M3,M2 的升温速率及相变球的熔化速率更快,其原因如下:①M3 中相变球体积较大,单位时间内吸收热量更多,由于在相变球的边界靠近 PCM 侧温度较低,相变球外壳内外温差大,故而壁面上的热流密度较大;②M2 中单个相变球熔化所需的相变潜热总热量小于 M3,故其升温更快,熔化更快,储热罐总体温升更大。

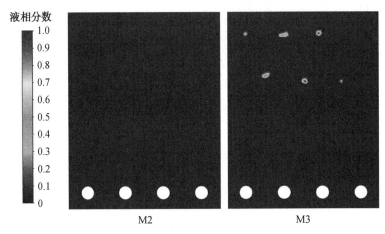

图 3.33 第 270 min PCM 液相分数云图(彩图见附录)

3. M2 和 M3 温度分布

图 3.34 为 M2 和 M3 温度云图。全域最低温度 310 K,最高温度 353 K,PCM 的熔化

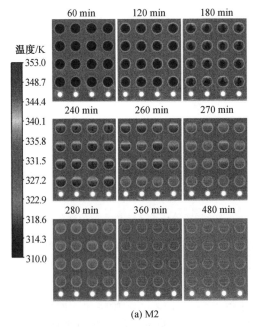

(a) M2

图 3.34 M2 和 M3 温度云图(彩图见附录)

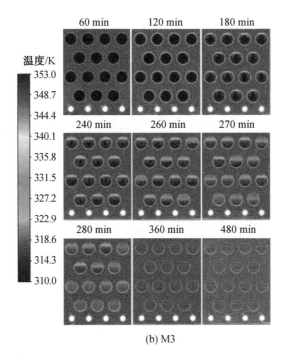

(b) M3

续图 3.34

温度为 313 K。储能球的熔化从与传热流体接触的内壁开始,逐步向中心扩散,并且受重力影响出现分层现象。图中蓝色部分表示 PCM 温度较低的部分,随着蓄热过程的进行,该部分会占据储能球内部靠下的位置。在 260 min、270 min 和 280 min 时刻,M2 的蓄热效果优于 M3。

3.6　相变储热罐内球型相变储热单元储热特性研究

3.6.1　相变储热罐数理模型

以大庆油田采油三厂某 200 m³ 水罐为研究对象,由于罐体是轴对称结构,故选取罐体中心竖向截面建立二维几何模型,其直径和高度分别为 6 200 mm 和 6 800 mm。相变球直径 200 mm,相变球之间横向距离为 200 mm,纵向距离为 230 mm,共 14 排 15 列即 210 个相变球,其体积占水罐总体积的 15.64%,第 1 排与罐底和第 14 排与罐顶距离均为 500 mm,第 1 列和第 15 列距离两侧罐壁均为 200 mm。为避免换热死区出现,在罐体内添加相互交错的横向折流板,如图 3.35 所示。相变材料为肉豆蔻酸,其物性参数见表 3.9。

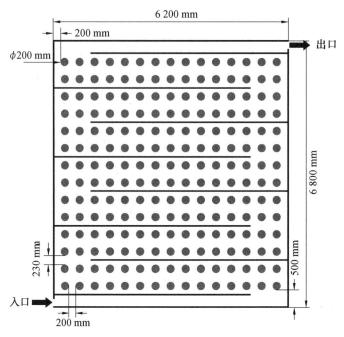

图 3.35　相变水罐及相变球结构尺寸图

表 3.9　肉豆蔻酸物性参数

参数	数值
熔化温度 /℃	52.81
凝固温度 /℃	52.02
相变潜热 /(J·kg^{-1})	188 300
导热系数 /(W·m^{-1}·K^{-1})	0.221
固态比热容 /(J·kg^{-1}·K^{-1})	2 264
液态比热容 /(J·kg^{-1}·K^{-1})	2 180

为不失一般性,模型假设如下。

(1)相变材料各向同性。

(2)忽略球型相变储热单元封装材料厚度,即不考虑其对传热的影响。

(3)相变水罐内热媒和相变材料初始温度相同。

采用有限体积法求解控制方程,压力－速度耦合选用 SIMPLE 格式离散,选择二阶迎风格式对质量方程、动量方程和能量方程进行离散。模型网格采用 MultiZone Quad/Tri 方法划分,并对罐壁、折流板壁面、相变球外壁等位置进行边界层加密细化处理,经验证,网格数量为 41.16 万时可满足计算精度要求。

相变水罐进口为速度入口(Velocity-inlet),出口为自然出流(Outflow),两侧和上壁外敷厚度为 65 mm 的保温材料,其导热系数为 0.045 W/(m·K),此三处壁面与外界的热交换为对流换热,传热系数为 23 W/(m^2·K)。水罐热媒为水,与相变材料换热面为耦合边界,罐内初始温度为 40 ℃,总储热时长为 28 800 s,模拟工况见表 3.10。

表 3.10　　模拟工况

条件	取值	备注
热媒流速 /(m·s⁻¹)	0.03	入口温度为 80 ℃
	0.06	
	0.12	
入口温度 /℃	70	热媒流速为 0.06 m/s
	80	
	90	

3.6.2　相变球液相分数与温度分布

1. 相变球液相分数

图 3.36 和图 3.37 所示为不同热媒流速和不同入口温度下相变水罐内相变球液相分数。在不同热媒流速下,热媒流速为 0.12 m/s 的水罐内相变球最先开始熔化,其后依次为 0.06 m/s 和 0.03 m/s。热媒流速 0.12 m/s 和 0.06 m/s 相比于 0.03 m/s,相变球开始熔化的时间缩短了 121.6% 和 40.9%。这是因为热媒流速增加,增强了热媒与相变球的对流换热,同时大流速的热媒在相同时间内传递给相变球更多的热量。在储热 28 800 s 时,热媒流速由小到大三种工况时的相变球液相分数依次为 0.59、0.62 和 0.63,热媒流速由 0.03 m/s 增加到 0.06 m/s,相变球的液相分数提升了 0.02,而热媒流速从 0.06 m/s 增加到 0.12 m/s,相变球的液相分数仅提升了 0.01,在热媒流速增幅变大的情况下,相变球液相分数的提升反而减小,可见热媒流速到达 0.06 m/s 后,继续增大热媒流速对提升水罐内相变球熔化率的效果甚微。

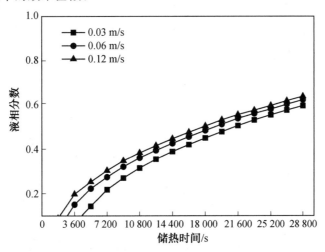

图 3.36　不同热媒流速下相变水罐内相变球液相分数

入口温度 90 ℃、80 ℃ 和 70 ℃ 下,90 ℃ 工况较其他两者相变球开始熔化的时间分别缩短 13.8% 和 43.1%。由图 3.37 可以看出,在熔化初段,三种入口温度下的相变球液相分数较为接近,随着储热时间的延长,差距逐渐增大,这是因为在储热前期,高温热媒仅到达相变水罐下部,相变区域较小,随着热媒的流动和扩散,相变区域逐渐扩大,快速提升了不同工况之间液相分数的差距。

结合图 3.36 和图 3.37,以热媒流速 0.06 m/s、入口温度 80 ℃ 工况为对照,不同入口温度工况之间液相分数差距明显高于不同热媒流速工况之间液相分数差距,表明在一定工况范围内,入口温度变化对水罐相变球熔化进程的影响明显大于热媒流速变化。

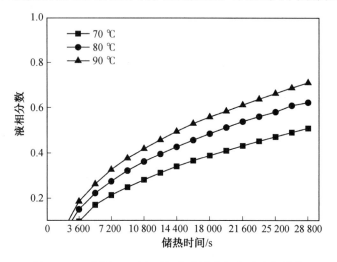

图 3.37 不同入口温度下相变水罐内相变球液相分数

图 3.38 和图 3.39 所示为不同热媒流速和不同入口温度下不同位置相变球液相分数,取样位置为从底部起第 1 排、第 7 排(中间位置)和第 14 排(顶部位置)。三种热媒流速下,均为第 1 排最先开始熔化,其次为第 7 排,最后为第 14 排,即从底部向上依次开始熔化,这与水罐下方进液、上方出液相对应。由图可知,热媒流速增大后水罐内相变球纵向尺度下的平均液相分数差距逐渐减小,具体表现为在储热 28 800 s 时热媒流速 0.03 m/s

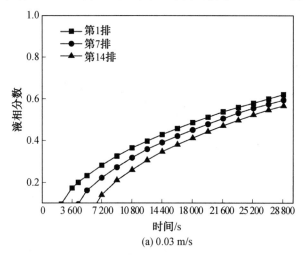

(a) 0.03 m/s

图 3.38 不同热媒流速下不同位置相变球液相分数

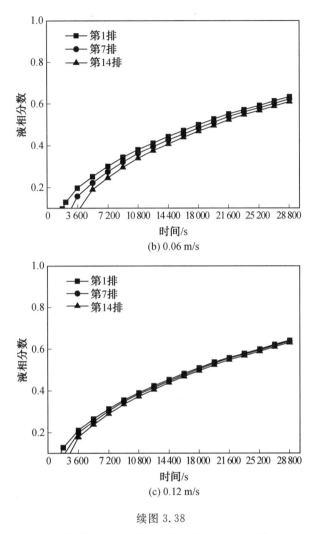

续图 3.38

工况第 14 排相变球的液相分数相较于第 1 排降低 0.05,但其在 0.12 m/s 工况中仅为 0.01,表明热媒流速增加可以减小水罐内不同高度相变球熔化进程的差距,增强相变水罐储热的均匀性。

在不同入口温度下,因三种工况流速相同,三个相变水罐内不同位置的相变球液相分数均较为接近。但提高入口温度使得热媒与相变球之间的温差变大,增强了换热过程。由图 3.39 可知,提高入口温度后,水箱内的相变球液相分数整体提升,以第 1 排为例,入口温度 90 ℃下储热 28 800 s 后液相分数可达 0.72,相较于 80 ℃ 和 70 ℃ 下分别提升 0.09 和 0.2。

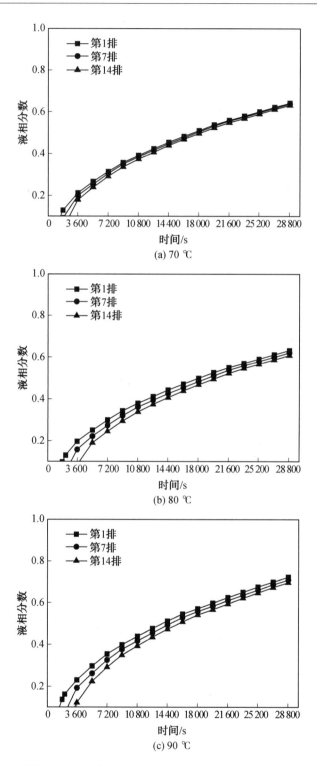

图 3.39 不同入口温度下不同位置相变球液相分数

2. 温度分布

图 3.40 和图 3.41 为不同工况下相变水罐内温度分布云图。由图可知,高温热媒从下方进入相变水罐,沿着折流板形成的通道逐层向上流动。在储热初段,相变水罐内由下至上温度逐渐降低,相变球的熔化状态从水罐下部逐渐向上漫延。添加相互交错的折流板能够很好地解决传统球型相变储热单元相变水罐存在换热死区的问题。储热时,球体内的 PCM 从外至内逐渐发生相变,外缘相变材料熔化为液态后会随着传热过程的持续,逐渐升温以显热方式继续存储热量,并将热量向球体内部传递,故图中的圆形低温区域会随储热时间的延长而逐渐缩小。

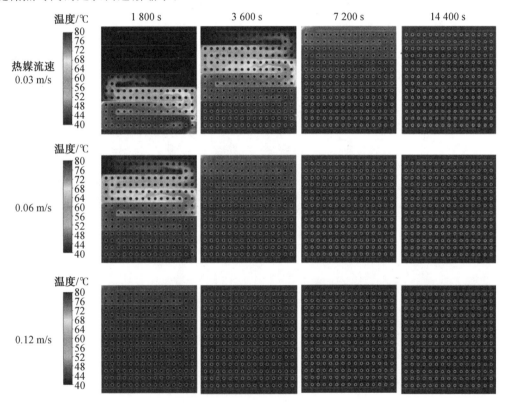

图 3.40　不同热媒流速下相变水罐内温度分布云图(彩图见附录)

由图 3.40 可知,热媒流速 0.12 m/s 下,高温热媒仅用 3 600 s 左右即可完全占据相变水罐内部,而 0.06 m/s 和 0.03 m/s 下则分别为 7 200 s 和 14 400 s 左右,所需时长与热媒流速大小呈负相关。如图 3.41 所示,在不同入口温度下,由于热媒流速相同,罐内初期温度场分布较为接近,但更高温度的热媒密度更小,向上扩散和向上传热的能力更强,入口温度 90 ℃ 下水罐内上部的温度高于 80 ℃ 和 70 ℃ 下。

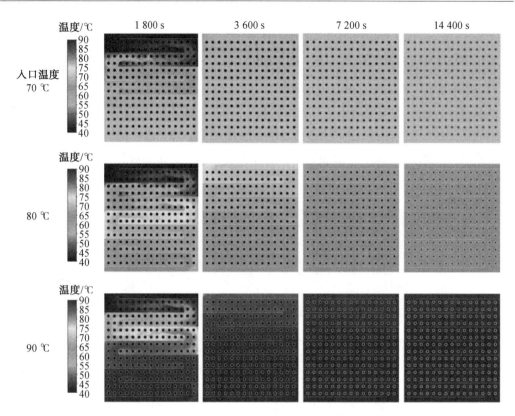

图 3.41　不同入口温度下相变水罐内温度分布云图(彩图见附录)

第4章 光热利用设备及其基础传热特性

保证设备性能、提升设备运行可靠性对降低光热利用设备投资成本回收周期、保证安全运行十分关键。了解内置 PCM 热物性参数对真空管集热器性能的影响是提升真空管集热器性能、提高光热利用设备工作效率的基础。同时,我国区位特点导致了大部分油田光热利用设备的设计都需要考虑季节性冻害的影响,特别是基础冻胀土的影响。了解地基土季节性冻融机理、建立数学模型是开发适用于光热利用设备、廉价有效的基础冻胀防治措施的关键。本章建立真空管集热器传热模型和地基土季节冻融水热耦合模型并进行计算和分析,为油田光热利用设备及其基础的设计、施工和运行维护标准的建立提供依据。

4.1 真空管集热器传热特性研究

真空管集热器内置 PCM 可降低其过热风险并提升其储热性能。受相变储热需求和地区环境条件影响,添加与之相匹配的 PCM 是发挥集热器热性能、稳定太阳能原油维温系统能量供应的关键。本节分析 PCM 密度、导热系数、比热容、潜热和相变温度对真空管集热器热性能的影响,获得与严寒地区相匹配的 PCM 热物性参数。

4.1.1 物理模型

图 4.1 为真空管集热器示意图。真空管集热器构成主要包括:外玻璃套管、内玻璃套管(吸热层镀膜)、U 形管及附属部件(铝质翅片、弹簧支架、保温堵塞、消气剂等)。内外玻璃套管之间为真空层,起到降低热量损失作用。弹簧支架支撑内玻璃套管,消气剂用于吸收真空层内残余气体,铝质翅片用于强化换热,保温堵塞用于降低真空管集热器端部热损。真空管集热器参数见表 4.1。

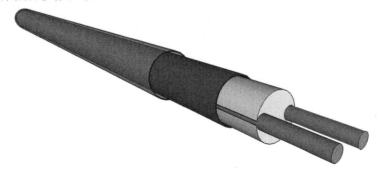

图 4.1 真空管集热器示意图

表 4.1 真空管集热器参数

参数	数值
外玻璃套管直径 /mm	58
内玻璃套管直径 /mm	47
真空管集热器长度 /mm	1 700
外玻璃套管透射率 τ	0.91
内玻璃套管吸热率 α	0.93
内玻璃套管发射率 ε	0.06
U 形管直径 /mm	9

为提高真空管集热器的热性能,提出了一种含 PCM 真空管集热器,其物理模型如图 4.2 所示。在含 PCM 真空管集热器中,传统的空气区域被 PCM(石蜡)取代,其可以保证更多的太阳能被吸收和储存。白天,HTF 从靠近向阳面的 U 形管流入,从靠近背阴面的 U 形管流出,吸热管吸收的太阳热量传递到 PCM 和 U 形管中。夜间,储存在 PCM 中的能量被释放用以加热 HTF。石蜡、水、U 形管和翅片的物理参数见表 4.2。

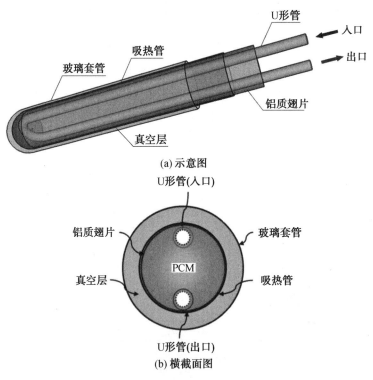

(a) 示意图

(b) 横截面图

图 4.2 含 PCM 真空管集热器物理模型

表 4.2　石蜡、水、U 形管和翅片的物性参数

材料	密度 /(kg·m⁻³)	比热容 /(J·kg⁻¹·K⁻¹)	导热系数 /(W·m⁻¹·K⁻¹)	相变温度 /℃	潜热 /(kJ·kg⁻¹)	热膨胀系数 /K⁻¹	动力黏度 /(kg·m⁻¹·s⁻¹)
石蜡	850	2 000	0.2	$40 \sim 42$	165	1×10^{-4}	2.35×10^{-3}
水	998.2	4 182	0.6	—	—	—	1.003×10^{-3}
U 形管	8 978	381	387.6	—	—	—	—
翅片	2 719	871	202.4	—	—	—	—

4.1.2　数学模型

由于真空管集热器传热过程是包含"导热－对流－相变"的多场耦合过程,计算过程做如下假设。

(1)HTF、PCM 为不可压缩牛顿流体;

(2)液相 PCM 自然对流采用 Boussinesq 假设;

(3)液相 PCM 自然对流为层流;

(4)U 形管、翅片物性参数为常物性。

基于以上假设,建立真空管集热器传热模型,控制方程如下。

对于 HTF:

$$\nabla \cdot \boldsymbol{u} = 0 \tag{4.1}$$

$$\rho_{\text{HTF}} \frac{\partial \boldsymbol{u}}{\partial t} + \rho_{\text{HTF}} \boldsymbol{u} \cdot (\nabla \cdot \boldsymbol{u}) = -\nabla p + \mu_{\text{HTF}} \nabla^2 \boldsymbol{u} \tag{4.2}$$

$$\rho_{\text{HTF}} c_{\text{HTF}} \frac{\partial T}{\partial t} + \rho_{\text{HTF}} c_{\text{HTF}} \boldsymbol{u} \cdot \nabla T = \nabla \cdot (\lambda_{\text{HTF}} \nabla T) \tag{4.3}$$

对于 PCM:

$$\nabla \cdot \boldsymbol{u} = 0 \tag{4.4}$$

$$\rho_{\text{PCM}} \frac{\partial \boldsymbol{u}}{\partial t} + \rho_{\text{PCM}} \boldsymbol{u} \cdot (\nabla \cdot \boldsymbol{u}) = -\nabla p + \mu_{\text{PCM}} \nabla^2 \boldsymbol{u} + \rho_{\text{PCM}} \alpha_{\text{v}} \boldsymbol{g}(T - T_{\text{m}}) + S \tag{4.5}$$

$$\rho_{\text{PCM}} \frac{\partial H}{\partial t} + \rho_{\text{PCM}} \nabla \cdot (\boldsymbol{u} H) = \nabla \cdot (\lambda_{\text{PCM}} \nabla T) \tag{4.6}$$

式中　　t——时间,s;

α_{v}——热膨胀系数,1/K;

H——比焓,J/kg;

T——温度,K;

T_{m}——参考温度;

p——压力,Pa;

ρ_{HTF}——HTF 密度,kg/m³;

ρ_{PCM}——PCM 密度,kg/m³;

c_{HTF}——HTF 比热容,J/(kg·K);

μ_{HTF}——HTF 动力黏度系数;

μ_{PCM}——PCM 动力黏度系数;

λ_{HTF}——HTF 导热系数,W/(m·K);

λ_{PCM}——PCM 导热系数,W/(m·K);

$\boldsymbol{u}$—— 速度,m/s;

$\boldsymbol{g}$—— 重力加速度,m/s²。

PCM 比焓 H 和液相分数 β 的计算式为

$$H = h_{ref} + \int_{T_{ref}}^{T} c_{PCM}\Delta T + \beta L \tag{4.7}$$

$$\beta = \begin{cases} 0, & T < T_s \\ \dfrac{T-T_s}{T_l-T_s}, & T_s < T < T_l \\ 1, & T > T_l \end{cases} \tag{4.8}$$

式中　h_{ref}—— 参考温度下的 PCM 比焓,J/kg;

T_s——PCM 固相温度,K;

T_l——PCM 液相温度,K;

T_{ref}—— 参考温度,K;

β——PCM 液相分数;

L——PCM 潜热,J/kg。

$$S = A_{mush}\frac{(1-\beta)^2}{\beta^3+\xi}\boldsymbol{u} \tag{4.9}$$

式中　A_{mush}—— 固液糊状区常数,10^5 kg/(m³·s);

ξ—— 常数,0.001。

根据能量守恒定律,真空管集热器获得的有用能等于真空管集热器有效集热量减去真空管集热器与环境之间的散热损失:

$$Q_u = G_s - Q_{loss} \tag{4.10}$$

式中　Q_u—— 真空管集热器获得的有用能,W;

G_s—— 真空管集热器有效集热量,W;

Q_{loss}—— 真空管集热器与环境之间的散热损失,W。

$$G_s = IA(\tau\alpha) \tag{4.11}$$

$$Q_{loss} = U_{loss}A(T_c - T_a) \tag{4.12}$$

式中　I—— 太阳辐射强度,W/m²;

A—— 真空管集热器集热面积,m²;

τ—— 真空管集热器外玻璃套管透射率;

α—— 真空管集热器内玻璃套管吸收率;

T_c—— 真空管集热器外表面温度,K;

T_a—— 环境温度,K;

U_{loss}—— 真空管集热器总传热系数,W/(m²·K),其中真空管集热器向阳面和背阴面的总传热系数分别为 1.2 W/(m² • K) 和 0.8 W/(m² • K)。

HTF 入口和出口边界分别为速度入口和压力出口,入口速度和入口温度分别为 0.01 m/s 和 303 K。真空管集热器两端面为绝热边界。计算域初始温度为 303 K。

采用温度延迟时间、有效集热时间、有效集热量和平均集热效率等指标评估真空管集热器传热性能。温度延迟时间是指试验组和对照组达到 PCM 峰值出口温度的时间间隔,其计算式如式(4.13)所示。较高的温度延迟时间表示 HTF 峰值出口温度出现时间延迟,意味着峰值负荷转移。有效集热时间是指 HTF 出口温度高于 HTF 入口温度 2 ~ 5 ℃(取 5 ℃)以上的时间,其计算式如式(4.14)所示。有效集热量是指在有效集热时间内 PCM 产生的热量,其计算式如式(4.15)所示。平均集热效率计算式如式(4.16)所示。

$$\varphi = t_{\mathrm{out}} - t_{\mathrm{c}} \tag{4.13}$$

$$\Delta t = t_{\mathrm{outlet}} - t_{\mathrm{inlet}}, \quad T_{\mathrm{outlet}} \geqslant T_{\mathrm{inlet}} + 5 \ ℃ \tag{4.14}$$

$$Q_{\mathrm{e}} = \sum c_{\mathrm{HTF}} \rho_{\mathrm{HTF}} \boldsymbol{u} \, s_{\mathrm{u}} (T_{\mathrm{outlet}} - T_{\mathrm{inlet}}) \delta, \quad T_{\mathrm{outlet}} \geqslant T_{\mathrm{inlet}} + 5 \ ℃ \tag{4.15}$$

$$\eta = \frac{Q_{\mathrm{e}}}{\overline{A I} \Delta t} \tag{4.16}$$

式中　φ——温度延迟时间,s;

t_{out},t_{c}——试验组和对照组达到 HTF 峰值出口温度的时间,s;

Δt——有效集热时间,s;

t_{outlet}——HTF 出口温度高于 HTF 入口温度 5 ℃ 的时间,s;

t_{inlet}——HTF 进入 U 形管的时间,即初始时间,s;

T_{outlet}——HTF 出口温度,℃;

T_{inlet}——HTF 进口温度,℃;

Q_{e}——有效集热量,J;

s_{u}——U 形管横截面积,m²;

δ——时间间隔,2 s;

$\overline{I}$——有效集热时间内的平均太阳辐射强度,W/m²;

η——平均集热效率。

4.1.3　求解方法与模型验证

采用有限体积法求解控制方程,采用焓-多孔介质法求解 PCM 相变问题。压力-速度耦合采用 SIMPLE 算法,压力插值采用 PRESTO! 格式,动量方程和能量方程采用二阶迎风格式。质量方程、动量方程和能量方程的收敛标准分别为 10^{-4}、10^{-4} 和 10^{-7}。

为了确保网格数量和时间步长独立性,选取三种网格数量(183 310,364 840 和 618 120)和三种时间步长(1 s、2 s 和 3 s)进行测试,独立性测试结果见表4.3。测试条件:$T_{\mathrm{inlet}} = 303$ K,$v_{\mathrm{inlet}} = 0.01$ m/s,$T_{\mathrm{ini}} = 303$ K;$t = 1$ h,2 h,3 h 和 4 h。可以看出,当网格数量为 364 840 和时间步长为 2 s 时可保证模拟结果的精度。

表 4.3　网格数量和时间步长独立性测试结果

网格数量	时间步长 /s	模拟结果	
		HTF 出口温度 T_{out}/K	PCM 液相分数 β
183 310	1	311.67/314.38/317.08/319.84	0.27/0.54/0.75/0.89
364 840	1	311.63/314.64/317.25/319.95	0.25/0.51/0.73/0.89
618 120	1	311.64/314.7/317.19/319.92	0.27/0.53/0.74/0.89
364 840	2	311.63/314.63/317.24/319.95	0.25/0.51/0.73/0.88
364 840	3	311.62/314.63/317.24/319.94	0.25/0.51/0.73/0.88

为验证模型可靠性,选取文献[205]中的试验值及其模拟值进行对比,试验中温度测点位置为真空管集热器中部横截面中心。文献中太阳辐射模拟器提供的太阳辐射强度为 152 W/m²,考虑文献中所述太阳辐射模拟器和太阳辐射仪的精度分别为 ±20 W/m² 和 5%,本模拟中太阳辐射强度取为 200 W/m²,环境温度和风速分别取为 41 ℃ 和 1.6 m/s。真空管集热器参数见表 4.1,相变材料密度、比热容、导热系数、潜热和熔点分别为 870 kg/m³、2 000 J/(kg·K)、2.5 W/(m·K)、200 kJ/kg 和 343 K。图 4.3 所示为模型验证结果。可以看出,当前数值结果与文献中的试验值、模拟值之间的平均偏差分别为 2.05% 和 1.92%。验证结果表明,所建模型可以用于分析真空管集热器传热性能。

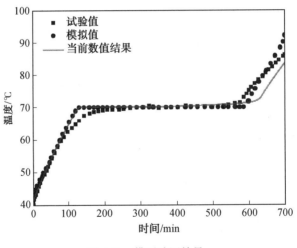

图 4.3　模型验证结果

4.1.4　真空管集热器性能分析

图 4.4 所示为大庆市某日的环境温度和太阳辐射强度。表 4.4 为环境温度和太阳辐射强度拟合曲线方程,将其代入式(4.10)～(4.12),获得时变情况下真空管集热器获得的有用能 Q_u,然后将 Q_u 通过自定义函数(UDF)编程作为真空管集热器边界条件。

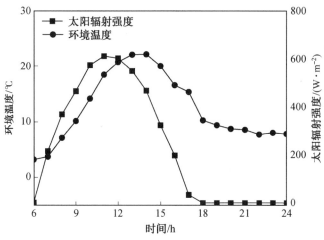

图 4.4 大庆市某日的环境温度和太阳辐射强度

表 4.4 环境温度和太阳辐射强度拟合曲线方程

	拟合函数	
环境温度 /K	$T_a = 8.525t - 0.27t^2 + 229.497, \quad 6 < t \leqslant 11\ \text{h}$	$R^2 = 0.982$
	$T_a = 16.300\,68t - 0.614\,69t^2 + 186.996\,31, \quad 11 < t \leqslant 17\ \text{h}$	$R^2 = 1$
	$T_a = -3.706\,14t + 0.078\,76t^2 + 324.566\,52, \quad 17 < t \leqslant 24\ \text{h}$	$R^2 = 1$
太阳辐射强度 /(W·m^{-2})	$I = 440.468t - 18.84t^2 - 1\,956.057, \quad 6 < t \leqslant 11\ \text{h}$	$R^2 = 0.996$
	$I = 260.793t - 12.964t^2 - 656.443, \quad 11 < t \leqslant 17\ \text{h}$	$R^2 = 0.997$
	$I = 0, \quad 17 < t \leqslant 24\ \text{h}$	$R^2 = 1$

1. 真空管集热器有无添加 PCM 影响

为对比分析真空管集热器和含 PCM 真空管集热器传热性能,选取真空管集热器内不添加 PCM、添加 PCM 密度 $\rho = 850\ \text{kg/m}^3$ 和添加 PCM 密度 $4\rho = 3\,400\ \text{kg/m}^3$ 三组案例(在图 4.5 中分别用空气、ρ、4ρ 代表)进行研究,其他物性参数见表 4.2。

图 4.5(a) 所示为真空管集热器有无添加 PCM 时的 HTF 出口温度。由图可知,真空管集热器内有无添加 PCM 对其出口温度影响较大,相较于未添加 PCM 的真空管集热器,添加 PCM 密度 850 kg/m³ 和 3 400 kg/m³ 的真空管集热器 HTF 峰值出口温度分别增加 10.42 K 和降低 4.17 K,温度延迟时间分别为 1 h 22 min 和 2 h 33 min。关于 HTF 峰值出口温度出现此结果的主要影响因素为真空管集热器热质量和 PCM 液相分数。含 PCM 真空管集热器收集的太阳能热量先被存储于 PCM 中,而后 PCM 通过热传导和热对流等传热方式将热量传递给 HTF,对于添加 PCM 密度 850 kg/m³ 的真空管集热器,由于 PCM 吸热过程完成(见后文 PCM 密度影响相关分析),真空管集热器收集的热量将以显热形式引起 PCM 温升,在温差作用下 PCM 将热量传给 HTF,因此添加 PCM 密度 850 kg/m³ 的真空管集热器 HTF 峰值出口温度高于未添加 PCM 真空管集热器;对于添加 PCM 密度 3 400 kg/m³ 的真空管集热器,由于其热质量更大,加之 PCM 吸热过程未完成(见后文 PCM 密度影响相关分析),真空管集热器收集的热量仍将用于 PCM 相变,传给 HTF 的热

量较少,因此其温升程度也低于未添加 PCM 真空管集热器。温度延迟时间出现此结果的主要原因与填充 PCM 后真空管集热器热质量增加有关,其对温度变化不敏感,因此温度延迟时间增加。

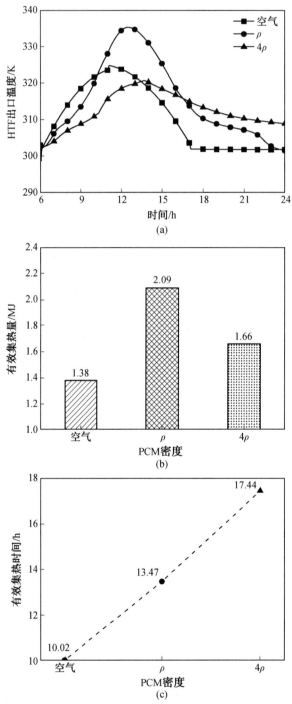

(a)

(b)

(c)

图 4.5　真空管集热器有无添加 PCM 时的 HTF 出口温度、有效集热量和有效集热时间

图 4.5(b) 所示为真空管集热器有无添加 PCM 时的有效集热量。由图可知,真空管集热器内添加 PCM 可有效提升其有效集热量,相比于未添加 PCM 真空管集热器,添加 PCM 密度 850 kg/m³ 和 3 400 kg/m³ 的真空管集热器有效集热量分别增加 51.45% 和 20.29%。其主要原因是 PCM 具有储能优势,添加 PCM 密度较低时真空管集热器热质量较小,其完全熔化后可储存更多的潜热,添加 PCM 密度较高时真空管集热器热质量较大,PCM 相变吸热过程不完全,因此添加 PCM 密度 3 400 kg/m³ 的真空管集热器有效集热量低于添加 PCM 密度 850 kg/m³ 的真空管集热器。

图 4.5(c) 所示为真空管集热器有无添加 PCM 时的有效集热时间。由图可知,真空管集热器内添加 PCM 可有效增加其有效集热时间,相比于未添加 PCM 真空管集热器,添加 PCM 密度 850 kg/m³ 和 3 400 kg/m³ 的真空管集热器有效集热时间分别增加 34.43% 和 74.05%。其主要原因与真空管集热器添加 PCM 后热质量增加有关。

2. PCM 密度影响

为分析 PCM 密度对真空管集热器传热性能的影响,选取 $0.5\rho = 425$ kg/m³、$\rho = 850$ kg/m³、$2\rho = 1\ 700$ kg/m³ 和 $4\rho = 3\ 400$ kg/m³ 四组案例进行研究,其他参数保持不变。

图 4.6 所示为不同 PCM 密度下真空管集热器温度分布。由图可知,在 10:00 至 14:00 期间,真空管集热器向阳面的 PCM 率先开始熔化,且相界面逐渐从向阳面往背阴面移动。在 14:00 至 18:00 期间,真空管集热器向阳面的温度低于背阴面。另一方面,增加 PCM 密度,真空管集热器温度在 10:00 至 14:00 期间降低,在 14:00 至 18:00 期间温度下降缓慢。其主要原因是增加 PCM 密度可以提升真空管集热器热质量,增强其抗干扰能力,因此温度变化较小。

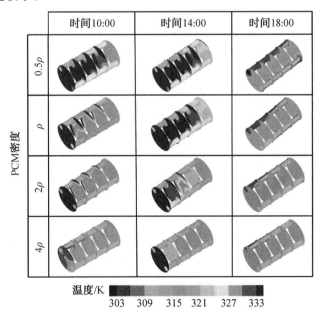

图 4.6　不同 PCM 密度下真空管集热器温度分布(彩图见附录)

图 4.7 所示为不同 PCM 密度下真空管集热器 HTF 出口温度、液相分数、有效集热量和有效集热时间。

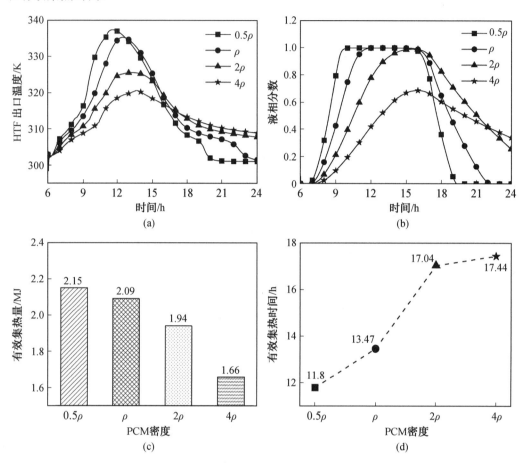

图 4.7　不同 PCM 密度下真空管集热器 HTF 出口温度、液相分数、有效集热量和有效集热时间

由图 4.7(a) 可知,PCM 密度分别为 425 kg/m³、850 kg/m³、1 700 kg/m³ 和 3 400 kg/m³ 时,HTF 峰值出口温度分别为 337.38 K、335.25 K、325.55 K 和 320.66 K。与 PCM 密度 425 kg/m³ 相比,其余三种 PCM 密度的温度延迟时间分别为 54 min、1 h 44 min 和 2 h 5 min。这一结果表明,增加 PCM 密度,HTF 峰值出口温度降低,温度延迟时间增加,其原因与真空管集热器热质量增加有关。另一方面,HTF 峰值出口温度不是在最大太阳辐射强度时出现,这表明内置 PCM 可以降低真空管集热器过热风险和延长其运行时间。

由图 4.7(b) 可知,增加 PCM 密度,PCM 相变速率和最大液相分数均降低。PCM 密度 425 kg/m³、850 kg/m³、1 700 kg/m³ 和 3 400 kg/m³ 对应的最大液相分数分别为 1、1、1 和 0.69,对应出现峰值液相分数的时刻分别为 11:42、12:11、15:36 和 15:58。

由图 4.7(c) 可知,增加 PCM 密度,真空管集热器有效集热量降低。与 PCM 密度 425 kg/m³ 相比,PCM 密度 3 400 kg/m³ 的真空管集热器有效集热量降低 22.79%。出现此结果的原因是 PCM 吸收并存储一部分太阳辐射能量。

由图 4.7(d) 可知,增加 PCM 密度,真空管集热器有效集热时间增加。然而,当 PCM 密度超过 1 700 kg/m³ 后,增加 PCM 密度后有效集热时间增量降低,表明其延长真空管集热器运行时间的能力减弱。

表 4.5 给出了不同 PCM 密度下真空管集热器平均集热效率。由表可知,提升 PCM 密度,真空管集热器平均集热效率先增加后降低,当 PCM 密度分别为 850 kg/m³ 和 3 400 kg/m³ 时,真空管集热器分别具有最大和最小平均集热效率,其值分别为 60.29% 和41.92%,二者相差18.37%。PCM 密度小于 1 700 kg/m³ 时提高 PCM 密度可以改善真空管集热器热性能,有利于提升集热效率。

表 4.5　不同 PCM 密度下真空管集热器平均集热效率

PCM 密度	0.5ρ	ρ	2ρ	4ρ
平均集热效率	53.99%	60.29%	50.10%	41.92%

3. PCM 导热系数影响

为分析 PCM 导热系数对真空管集热器传热性能的影响,选取 $0.1\lambda = 0.02$ W/(m·K)、$\lambda = 0.2$ W/(m·K)、$5\lambda = 1$ W/(m·K)、$10\lambda = 2$ W/(m·K) 和 $100\lambda = 20$ W/(m·K) 五组案例进行研究,其他参数保持不变。

图 4.8 所示为不同 PCM 导热系数下真空管集热器 HTF 出口温度、液相分数、有效集热量和有效集热时间。

由图 4.8(a) 可知,在 PCM 导热系数低于 1 W/(m·K) 时,HTF 峰值出口温度随 PCM 导热系数增加而增加,而 PCM 导热系数高于 1 W/(m·K) 且低于或等于 20 W/(m·K) 时,HTF 峰值出口温度随 PCM 导热系数增加而减少。PCM 导热系数分别为 0.02 W/(m·K)、0.2 W/(m·K)、1 W/(m·K)、2 W/(m·K) 和 20 W/(m·K) 时,HTF 峰值出口温度分别为 326.45 K、335.25 K、336.61 K、336.22 K 和 329.83 K。相比于 PCM 导热系数0.02 W/(m·K) 下,其他四种导热系数下的温度延迟时间分别为 −8 min(负号表示提前)、−32 min、−25 min 和 32 min。结果表明,PCM 导热系数超过 1 W/(m·K) 不利于提高真空管集热器的热性能。

图 4.8(b) 表明,当 PCM 导热系数从 $\lambda = 0.2$ W/(m·K) 降低到 $0.1\lambda = 0.02$ W/(m·K) 时,液相分数不能达到 1,即 PCM 不能完全熔化,从而不能充分利用 PCM潜热。而当 PCM 导热系数从 $10\lambda = 2$ W/(m·K) 增大到 $100\lambda = 20$ W/(m·K) 时,相变过程减缓,熔化和凝固时间增加,即 PCM 液相分数从 0 到 1 和从 1 到 0 的时间增加。

由图 4.8(c) 可知,增加 PCM 导热系数,真空管集热器有效集热量先增加后减少,PCM 导热系数为 1 W/(m·K) 时可获得最大有效集热量。相比于 PCM 导热系数 0.02 W/(m·K) 下,其他四种 PCM 导热系数下有效集热量分别增加35.71%、42.86%、42.21% 和 24.03%。

由图 4.8(d) 可知,增加 PCM 导热系数,真空管集热器有效集热时间增加。相比于 PCM 导热系数 0.02 W/(m·K) 下,其他四种 PCM 导热系数下有效集热时间分别增加 19.1%、20.87%、21.22% 和 29.44%。从提升真空管集热器传热性能角度来说,PCM 导热系数 1 W/(m·K) 可以作为推荐值。

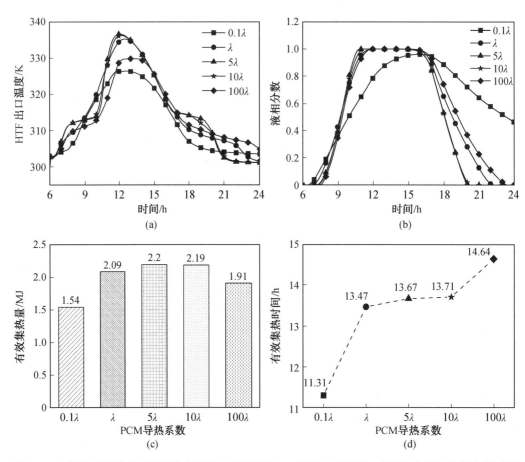

图 4.8　不同 PCM 导热系数下真空管集热器 HTF 出口温度、液相分数、有效集热量和有效集热时间

　　表 4.6 给出了不同 PCM 导热系数下真空管集热器平均集热效率。由表可知,提升 PCM 导热系数,真空管集热器平均集热效率先增加后降低,当 PCM 导热系数为 0.02 W/(m·K)时,真空管集热器具有最小平均集热效率(38.76%),其与最大平均集热效率相差21.53%。由前文可知,PCM 导热系数为 1 W/(m·K)时真空管集热器热性能最佳,但其对应的平均集热效率却未必是最高,其原因与有效集热量和有效集热时间的关系有关(式(4.16))。

表 4.6　不同 PCM 导热系数下真空管集热器平均集热效率

PCM 导热系数	0.1λ	λ	5λ	10λ	100λ
平均集热效率	38.76%	60.29%	55.49%	55.09%	48.10%

4. PCM 比热容影响

　　为分析 PCM 比热容对真空管集热器传热性能的影响,选取 $0.5c = 1$ kJ/(kg·K)、$c = 2$ kJ/(kg·K)、$2c = 4$ kJ/(kg·K) 和 $3c = 6$ kJ/(kg·K) 四组案例进行研究,其他参数不变。

　　图 4.9 所示为不同 PCM 比热容下真空管集热器 HTF 出口温度、液相分数、有效集热

量和有效集热时间。

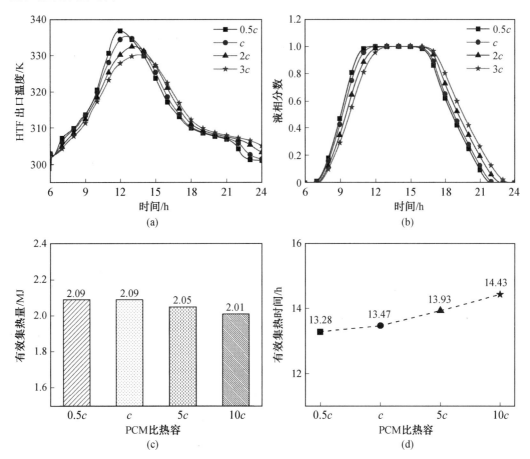

图 4.9　不同 PCM 比热容下真空管集热器 HTF 出口温度、液相分数、有效集热量和有效集热时间

由图 4.9(a) 可知,PCM 比热容分别为 1 kJ/(kg・K)、2 kJ/(kg・K)、4 kJ/(kg・K) 和 6 kJ/(kg・K) 时,HTF 峰值出口温度分别为 336.75 K、335.25 K、332.48 K 和 330.13 K;相比于 PCM 比热容 1 kJ/(kg・K) 下,其余三种 PCM 比热容下的温度延迟时间分别是 30 min、1 h 10 min 和 1 h 37 min。这一结果表明,增加 PCM 比热容,HTF 峰值出口温度降低,温度延迟时间增加。

由图 4.9(b) 可知,增加 PCM 比热容,PCM 相变速率降低。四种 PCM 比热容下的完全熔化时刻分别是 11:43、12:11、12:58 和 13:40,对应维持完全液相状态的时长分别为 4 h 40 min、4 h 29 min、4 h 13 min 和 3 h 53 min。

由图 4.9(c) 可知,增加 PCM 比热容,真空管集热器有效集热量略微降低。相比于 PCM 比热容 1 kJ/(kg・K) 下,PCM 比热容 6 kJ/(kg・K) 下的有效集热量降低 3.83%。

由图 4.9(d) 可知,增加 PCM 比热容,真空管集热器有效集热时间增加。相比于 PCM 比热容 1 kJ/(kg・K) 下,PCM 比热容 6 kJ/(kg・K) 下的有效集热时间增加 8.66%。从提升真空管集热器传热性能角度来说,增加 PCM 比热容并不是有效的手段。

表 4.7 给出了不同 PCM 比热容下真空管集热器平均集热效率。由表可知,提升 PCM

比热容,真空管集热器平均集热效率先增加后降低,但其值均在 50% 以上,其中 PCM 比热容为 2 kJ/(kg·K) 时平均集热效率最高,另外三种 PCM 比热容下平均集热效率较为接近。

表 4.7　不同 PCM 比热容下真空管集热器平均集热效率

PCM 比热容	$0.5c$	c	$2c$	$3c$
平均集热效率	52.61%	60.29%	51.71%	50.76%

5. PCM 潜热影响

为分析 PCM 潜热对真空管集热器传热性能的影响,选取 $0.5L = 82.50$ kJ/kg、$L = 165$ kJ/kg、$1.5L = 247.50$ kJ/kg 和 $2L = 330$ kJ/kg 四组案例进行研究,其他参数保持不变。

图 4.10 所示为不同 PCM 潜热下真空管集热器 HTF 出口温度、液相分数、有效集热量和有效集热时间。

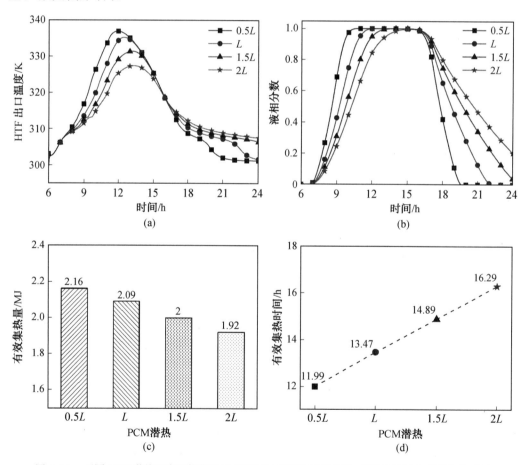

图 4.10　不同 PCM 潜热下真空管集热器 HTF 出口温度、液相分数、有效集热量和有效集热时间

由图 4.10(a) 可知,PCM 潜热分别为 82.50 kJ/kg、165 kJ/kg、247.50 kJ/kg 和 330 kJ/kg 时,HTF 峰值出口温度分别为 336.98 K、335.25 K、331.43 K 和 327.43 K。相

比于 PCM 潜热 82.50 kJ/kg 下,其余三种 PCM 潜热下的温度延迟时间分别是 32 min、1 h 15 min 和 1 h 23 min。增加 PCM 潜热,HTF 峰值出口温度降低,而温度延迟时间增加。

由图 4.10(b) 可知,增加 PCM 潜热,PCM 相变速率和液相分数均降低。四种 PCM 潜热下的完全熔化时刻分别是 11:20、12:11、13:46 和 15:14,对应维持完全液相状态的时长分别为 5 h 42 min、4 h 29 min、3 h 17 min 和 1 h 46 min。

由图 4.10(c) 可知,增加 PCM 潜热,真空管集热器有效集热量降低。相比于 PCM 潜热 82.50 kJ/kg 下,PCM 潜热 330 kJ/kg 下的有效集热量降低 11.11%。

由图 4.10(d) 可知,增加 PCM 潜热,真空管集热器有效集热时间增加。相比于 PCM 潜热 82.50 kJ/kg 下,PCM 潜热 330 kJ/kg 下的有效集热时间增加 35.86%。尽管增加 PCM 潜热后真空管集热器有效集热时间增加,然而由于会导致较低的 HTF 峰值出口温度和有效集热量,不利于提高真空管集热器的传热性能。

表4.8给出了不同 PCM 潜热下真空管集热器平均集热效率。由表可知,与提升 PCM 密度、导热系数和比热容相似,提升 PCM 潜热,真空管集热器平均集热效率先增加后降低,最大与最小平均集热效率相差 11.99%。

表 4.8　不同 PCM 潜热下真空管集热器平均集热效率

PCM 潜热	0.5L	L	1.5L	2L
平均集热效率	54.46%	60.29%	50.43%	48.30%

6. PCM 相变温度影响

为分析 PCM 相变温度对真空管集热器传热性能的影响,选取 313 ~ 315 K、323 ~ 325 K、333 ~ 335 K 和 343 ~ 345 K 四组案例进行研究,其他参数保持不变。

图 4.11 所示为不同 PCM 相变温度下真空管集热器 HTF 出口温度、液相分数、有效集热量和有效集热时间。

由图 4.11(a) 可知,PCM 相变温度分别为 313 ~ 315 K、323 ~ 325 K、333 ~ 335 K 和 343 ~ 345 K 时,HTF 峰值出口温度分别为 335.25 K、332.53 K、333.23 K 和 333.43 K。相比于 PCM 相变温度 313 ~ 315 K 下,其余三种 PCM 相变温度下的温度延迟时间分别是 13 min、4 min 和 11 min。这一结果说明,增加 PCM 相变温度,HTF 峰值出口温度降低,而温度延迟时间无明显变化规律,表明 PCM 相变温度应与外界环境温度相匹配。

由图 4.11(b) 可知,PCM 相变温度对 PCM 液相分数的影响显著。四种 PCM 相变温度下的峰值液相分数分别为 1、0.93、0.66 和 0.42,其对应峰值液相分数的时刻分别是 12:11、13:46、13:26 和 13:06,对应维持完全液相状态的时长分别为 16 h 17 min、12 h 54 min、11 h 7 min 和 9 h 45 min。

由图 4.11(c) 可知,增加 PCM 相变温度,真空管集热器有效集热量先增加后减少。相比于 PCM 相变温度 313 ~ 315 K 下,PCM 相变温度 323 ~ 325 K、333 ~ 335 K 和 343 ~ 345 K 下的有效集热量分别增加 4.31%、4.31% 和 3.35%。

由图 4.11(d) 可知,增加 PCM 相变温度,真空管集热器有效集热时间降低。相比于 PCM 相变温度 313 ~ 315 K 下,PCM 相变温度 343 ~ 345 K 下的有效集热时间降低

16.93%。增加 PCM 相变温度,虽然真空管集热器有效集热量增加,但不利于提高真空管集热器的传热性能。

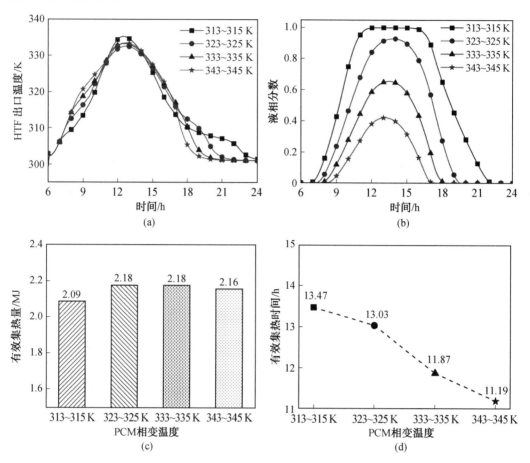

图 4.11 不同 PCM 相变温度下真空管集热器 HTF 出口温度、液相分数、有效集热量和有效集热时间

表 4.9 给出了不同 PCM 相变温度下真空管集热器平均集热效率。由表可知,提升 PCM 相变温度,真空管集热器平均集热效率基本呈现降低趋势,且 PCM 相变温度从 323 ~ 325 K 变化至 343 ~ 345 K,平均集热效率均为 54% 左右,这表明进一步提升 PCM 相变温度对于平均集热效率无有益影响。

表 4.9 不同 PCM 相变温度下真空管集热器平均集热效率

PCM 相变温度	313 ~ 315 K	323 ~ 325 K	333 ~ 335 K	343 ~ 345 K
平均集热效率	60.29%	54.87%	54.93%	54.34%

综上,PCM 密度、导热系数、比热容、潜热和相变温度等热物性参数对真空管集热器热性能影响较大。本书通过对比分析给出了适宜大庆地区条件的真空管集热器内置 PCM 的热物性参数适用范围,并获得了对应热物性参数影响下的真空管集热器平均集热效率,不仅理论揭示了 PCM 热物性参数对真空管集热器热性能的影响规律,为发展适宜大庆地区(严寒地区)的含 PCM 真空管集热器提供了工程参考,而且基于获得的含 PCM

真空管集热器平均集热效率,为后续太阳能原油维温系统中的集热器选型及参数设计与计算提供了基础参数支撑。

4.2 地基土季节性冻融水热迁移特性研究

对季节性冻区土壤冻融过程中的水分和热量的迁移运动和冻胀特性的研究是寒区工程建设的重点研究内容。油田光热利用设备具有竖向荷载小、基础数量大、占地面积广的特点,冻胀土容易对设备系统的稳定性和光热转换效率产生影响。建立光热利用设备地基土水热迁移和冻胀模型是设备系统冻害预测的关键,也是从设计、维护层面延长光热利用设备服役期限、提高光电转换效率的基础。本节通过试验和建模方法分析土壤季节性冻融过程中热量、水分的迁移及冻胀变形,获取寒区油田光热利用设备基础建设的相关设计、施工和维护运行参数。

4.2.1 地温监测试验

1. 场地概况

地温监测点位于我国黑龙江省大庆地区。大庆地区处于北纬 45.46° 至 46.55°、东经 124.19° 至 125.12°,属于典型的高纬度低海拔的季节性冻区,其气候特点是冬季寒冷有雪,春秋季风多,无霜期短暂,雨热同季。由于大陆性气候和季风的交替影响,春秋季的温度升降频繁且剧烈,温差变化大。大庆地区年平均气温 4.2 ℃,最冷月平均气温 −18.5 ℃,极端最低气温 −39.2 ℃,最热月平均气温 23.3 ℃,极端最高气温 39.8 ℃。年均无霜期 143 天,冬季最大冻结深度约 2.1 m。地温监测试验在贝 301、二厂、六厂和七厂 4 个地点同步进行,最大监测深度为 15 m。

2. 试验设备

如图 4.12 所示,地温监测设备为安捷伦 34970A 数据采集器,设定每 30 min 进行一次扫描,记录 15 个监测点的温度。温度检测采用 I 级 T 型热电偶,其测温范围是 −40 ～ 350 ℃。

安捷伦34970A数据采集器   I 类T型热电偶

图 4.12 地温监测设备

3. 布点和监测

图 4.13 为地温监测系统运行原理图。测温孔的深度为 15 m,32 个温度传感器被固定在插入测温孔的直杆上,每隔 0.5 m 设置一个。测温孔附近安装气象站,气象站与温度传感器连接以收集地温数据,同时记录天气变化;气象站与室内的数据采集器连接,数据采集器实时读取地温数据并传输到控制主机上。图 4.14 为现场测温孔内地温监测点的布置方式:将一根金属直杆插入测温孔,温度传感器固定在直杆上。

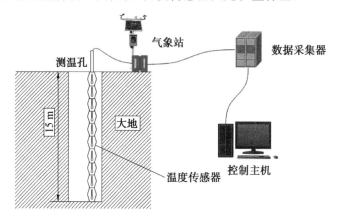

图 4.13　地温监测系统运行原理图

图 4.14　地温监测点布置方式

4. 试验结果

图 4.15 显示了 2021 年 3 月 31 日至 2022 年 4 月 1 日的地温监测结果。如图 4.15 所示,地表温度呈现周期性变化,这与对流层温度的季节性变化相关,地表温度的波动范围是 −20 ~ 30 ℃;地下温度随地表温度呈现延时性的周期变化,且振幅随深度增加而逐渐降低,以贝 301 为例,至地面以下 9.5 m,温度年变化率降低至 8.94%,至地面以下 11.5 m,温度年变化率降低至 3.25%;地温周期变化的延时性体现在温度的波峰和波谷日期随深度增加而推迟,在地面以下 2.0 m 以内,深度每增加 0.5 m,温度波峰和波谷日期大约推迟 30 d;各地块冬季地表温度的谷值处于 −20 ~ −8 ℃ 范围内,存在较大差异,这种差

异的产生与土质、海拔和地形环境等因素相关。

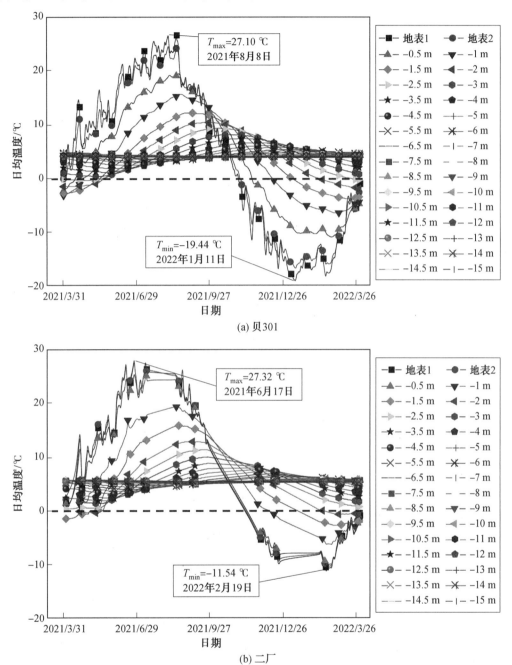

图 4.15　地温监测结果(彩图见附录)

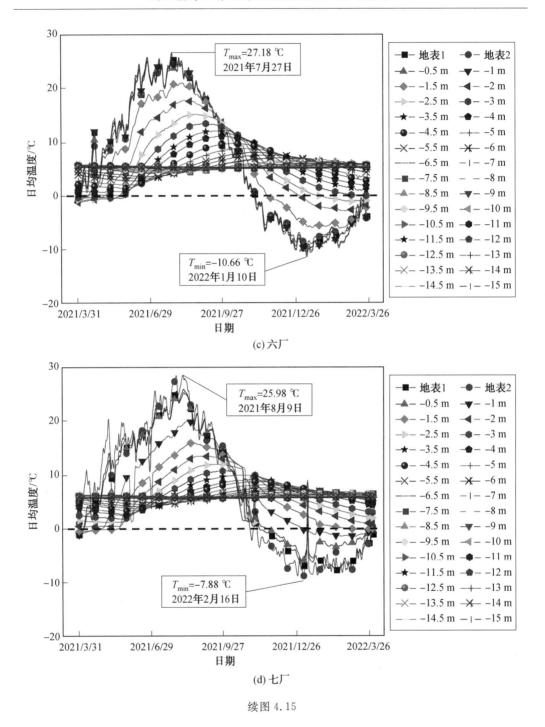

(c) 六厂

(d) 七厂

续图 4.15

4.2.2　室内冻融试验

1. 制取试样

取样地点分别是 4 个地温监测点。在现场取土时需要使用原状土取样器取地面 30 cm 以下的土,根据后续试验的需求,所取土样的各边长不应小于 20 cm 以方便后续切削。土样取出后应立即用塑料膜紧密包裹以防止水分蒸发,并按照自然沉积方向保存在保温箱内,在携带土样移动的过程中需要尽量避免剧烈晃动以减少土的扰动。

冻融试验所使用的试样盒为经过改造后的混凝土标准试块模具盒,模具盒的材料聚乙烯为热的不良导体,在盒底和四壁粘贴保温层后可满足冻融试验单面冻结的要求。使用土样切削器将原状土切成尺寸为 150 mm×150 mm×150 mm 的立方体,称重后置入试样盒内(图 4.16)。制作完成的试样需要覆盖塑料膜在恒温环境下静置 24 h 后再进行后续试验。

图 4.16　样本

2. 基础性试验

试验进行前需要将制取试样时切削下来的土用量程 500 g、分度值 0.1 g 的天平称取 100 g,烘干后再称重确定土样的质量含水率。每份土样进行两次平行测定,取算术平均值为最终结果,当土样质量含水率 ≤ 10% 时,两次平行测定的最大允许平行误差为 ±1%;当土样质量含水率为 10% ～ 20% 时,最大允许平行误差为 ±2%;当土样质量含水率为 20% ～ 30% 时,最大允许平行误差为 ±3%。试样的体积含水率需要利用质量含水率与试样土密度之间的关系来计算。

试验进行前还需要对试样进行一个冻融循环以确定其在试验箱环境中完全冻结和完全融化所需的时间。分别在 4 个试样底部埋置温度传感器,分别记录试样温度从 10 ℃ 降低到 -10 ℃ 和从 -10 ℃ 升高到 10 ℃ 所需的时间。

试验完成后需要将试样烘干并称量,以测定其干密度。

表 4.10 列出了以上基础性试验结果。虽然土类相同,但因含水率、孔隙率等的差别,土样的密度和冻融所需时间不同。土样在 10 ℃ 与 -10 ℃ 范围内完全冻结和融化所需的

时间是 175 ~ 350 min，其中融化时间高于冻结时间，这是由冻融试验箱所提供的温度环境变化条件决定的。

表 4.10　基础试验结果

试样编号	取样点	土类	天然体积含水率 /%	饱和体积含水率 /%	重力密度 /(kN·m⁻³)	干密度 /(kg·m⁻³)	完全冻结所需时间 /min	完全融化所需时间 /min
B—1	贝 301	粉质黏土	22.7	30.7	18.6	1550	267	282
E—1	二厂	粉质黏土	26.5	31.9	18.5	1490	276	282
L—1	六厂	粉质黏土	30.4	33.0	17.5	1370	312	343
Q—1	七厂	粉质黏土	23.2	28.0	18.3	1520	207	234

3. 冻融试验

试验前需要在试样侧面和底面粘贴保温层以保证冻结从顶面开始。在试样底部埋置好温度传感器后，将试样放置于试验箱内进行试验。图 4.17 为试验中使用的快速冻融试验箱示意图及实物图。以图 4.18 所示的温度曲线进行土的冻结和融化试验。

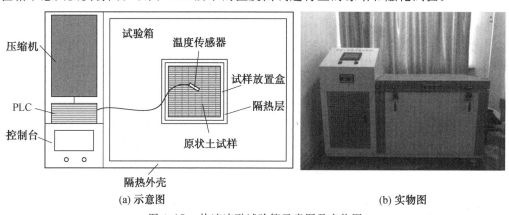

(a) 示意图　　　　　　　　　　　　(b) 实物图

图 4.17　快速冻融试验箱示意图及实物图

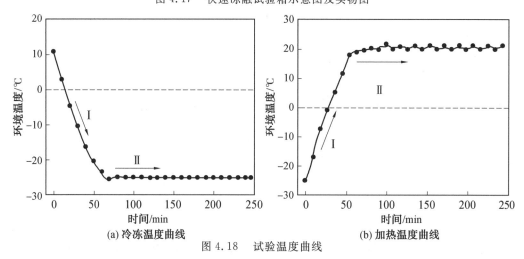

(a) 冷冻温度曲线　　　　　　　　　(b) 加热温度曲线

图 4.18　试验温度曲线

注：Ⅰ 是冷冻或加热过程，Ⅱ 是冻融过程。

4. 试验结果

图 4.19 所示为冻融过程中试样底部温度变化。如图 4.19 所示,试样底部温度变化过程分 4 个阶段:以冻结为例,第一阶段土样底部的温度保持在 10 ℃ 附近,这一阶段低温尚未从试样顶面传递至温度传感器所在位置,持续时间为 30 ~ 50 min;第二阶段试样底部的温度从 10 ℃ 下降到 0 ℃ 附近,这一阶段水分尚未达到冻结温度,土壤与水分的混合物温度体现出线性下降的特征,持续时间为 30 ~ 70 min;第三阶段试样底部的温度在 0 ℃ 附近缓慢下降,这一阶段液态水冻结放热,降温速度趋缓,持续时间为 50 ~ 150 min;第四阶段试样底部的温度从 0 ℃ 下降到 −10 ℃,这一阶段水分已经完全冻结,土壤与冰的混合物温度呈现线性下降趋势,持续时间为 40 ~ 70 min。

表 4.11 显示了土样完全冻结后的冻胀情况。试样高度是选取顶面四周及中间的 5 个点分别测定其高度后取算数平均值确定的。试样的平均冻胀量是 1.16 ~ 1.46 mm,对应的平均冻胀率是 0.77% ~ 0.97%。

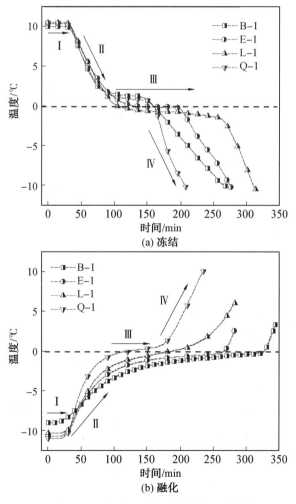

(a) 冻结

(b) 融化

图 4.19　冻融过程中试样底部温度变化

表 4.11　冻胀情况

试样编号	B—1	E—1	L—1	Q—1
冻结后试样平均高度 /mm	151.16	151.28	151.46	151.25
平均冻胀量 /mm	1.16	1.28	1.46	1.25
平均冻胀率 /%	0.77	0.85	0.97	0.83

4.2.3　数学模型

1. 控制方程

（1）温度场控制方程。

根据傅里叶定律，冻土的热传导微分方程包括温度随时间的变化的阻尼项、热扩散项，以及以相变潜热为热源的源项，具体为

$$\rho C(\theta)\frac{\partial T}{\partial t} = \lambda(\theta)\nabla^2 T + L\rho_i\frac{\partial \theta_i}{\partial t} \tag{4.17}$$

式中　ρ——冻土密度，kg/m^3；

　　　C——冻土比热容，$J/(kg \cdot ℃)$；

　　　λ——冻土导热系数，$W/(m \cdot ℃)$；

　　　T——冻土温度，$℃$；

　　　t——时间，s；

　　　L——水相变潜热，$334.56\ kJ/kg$；

　　　ρ_i——冰密度，$918\ kg/m^3$；

　　　θ_i——冻土体积含冰量；

　　　θ——冻土体积含水率，定义为 $\theta = \theta_u + \dfrac{\rho_i}{\rho_w} \cdot \theta_i$。

其中　θ_u——冻土未冻结的水的体积含量；

　　　ρ_w——水密度，$1\ 000\ kg/m^3$。

（2）水分场控制方程。

土在冻融状态下存在的未冻水的迁移遵循达西定律，基于 Richards 方程，并考虑孔隙冰对未冻水迁移的阻滞作用，将非饱和冻土中的未冻水迁移微分方程确定为

$$\frac{\partial \theta_u}{\partial t} + \frac{\rho_i}{\rho_w}\frac{\partial \theta_i}{\partial t} = \nabla[D(\theta_u)\nabla\theta_u + k(\theta_u)] \tag{4.18}$$

式中　$D(\theta_u)$——水在冻土中的扩散率；

　　　$k(\theta_u)$——水在非饱和土中的渗透率。

使用滞水（VG）模型和 Gardner 渗透系数模型确定

$$S = \frac{\theta_u - \theta_r}{\theta_s - \theta_r} \tag{4.19}$$

$$k(\theta_u) = k_s S^l \left[1 - (1 - S^{1/m})^m\right]^2 \tag{4.20}$$

$$D(\theta_u) = \frac{k(\theta_u)}{c(\theta_u)} \cdot I \tag{4.21}$$

$$c(\theta_u) = \frac{am}{1-m} \cdot (\theta_s - \theta_r) \cdot S^{1/m} (1-S^{1/m})^m \tag{4.22}$$

$$I = 10^{-10\theta_i} \tag{4.23}$$

式中　　S—— 土相对饱和度；

　　　　θ_r—— 土残余体积含水量；

　　　　θ_s—— 土饱和体积含水量；

　　　　k_s—— 饱和土渗透系数；

　　　　l、m、a——VG 模型参数；

　　　　I—— 阻抗因子，描述孔隙冰对水分迁移的阻碍作用。

（3）固体力学控制方程。

平衡方程：

$$-\nabla \cdot \sigma = F \tag{4.24}$$

式中　　∇—— 微分算子；

　　　　σ—— 应力；

　　　　F—— 力。

几何方程：

$$\varepsilon = \nabla \cdot u \tag{4.25}$$

式中　　ε—— 应变；

　　　　u—— 位移。

本构模型：

$$\{\sigma\} = [c] \cdot (\{\varepsilon\} - \{\varepsilon_0\}) \tag{4.26}$$

式中　　c—— 广义胡克定律中的弹性常数；

　　　　ε_0—— 初始应变。

冻土的冻胀应变是瞬态应变、水分相变和水分迁移共同作用的结果，即

$$\varepsilon = \varepsilon^e + \varepsilon_v \tag{4.27}$$

式中　　ε^e—— 瞬态应变，定义为 0。

水分相变和水分迁移产生的应变为

$$\varepsilon_v = 0.09(\theta_0 + \Delta\theta - \theta_u) + \Delta\theta + (\theta_0 - n) \tag{4.28}$$

2. 多场耦合

要实现多场耦合求解首先需要处理关键变量 θ_i 和 θ_u。采用白青波提出的与温度相关的分段函数"固液比"概念作为耦合项：

$$B_I = \frac{\theta_i}{\theta_u} = \begin{cases} \dfrac{\rho_w}{\rho_i} \left(\dfrac{T}{T_f}\right)^B - 1, & T < T_f \\ 0, & T \geqslant T_f \end{cases} \tag{4.29}$$

式中　　B_I—— 固液比，冻土中冰与水的体积比；

　　　　T_f—— 冻土冻结温度，通过室内冻结试验获取；

　　　　B—— 与土类和含盐量有关的常数，可以通过一点法试验获取，也可根据经验取
　　　　　　　值，砂土 0.61，粉土 0.47，黏土 0.56。

根据式(4.19)和式(4.29),同时将土残余体积含水率 θ_r 假设为 0,可得

$$\frac{\partial \theta_i}{\partial t} = \frac{\partial (B(T) \cdot \theta_u)}{\partial t} = \frac{\partial (B(T)((\theta_s - \theta_r)S + \theta_r))}{\partial t} = (\theta_s - \theta_r)\left(\frac{\partial B(T)}{\partial t} \cdot S + B(T) \cdot \frac{\partial S}{\partial t}\right)$$

$$(4.30)$$

$$\frac{\partial \theta_u}{\partial t} = \frac{\partial((\theta_s - \theta_r)S + \theta_r)}{\partial t} = (\theta_s - \theta_r)\frac{\partial S}{\partial t} \qquad (4.31)$$

将式(4.30)和式(4.31)代入控制方程式(4.17)和式(4.18)中并合并同类项,获得控制方程式(4.17)和式(4.18)的系数型偏微分方程形式:

$$\left(\rho C(\theta) - L\rho_i(\theta_s - \theta_r)S\frac{\partial B(T)}{\partial t}\right)\frac{\partial T}{\partial t} - \lambda(\theta)\nabla^2 T = L\rho_i(\theta_s - \theta_r)B(T)\frac{\partial S}{\partial t} \quad (4.32)$$

$$\left(1 + \frac{\rho_i}{\rho_w}B(T)\right)\frac{\partial S}{\partial t} - \nabla(D(S)\nabla S + k(S)) + \frac{\rho_i}{\rho_w}\frac{\partial B(T)}{\partial t}S = 0 \qquad (4.33)$$

3. 参数选择

模型涉及的计算参数取值见表 4.12。

表 4.12　计算参数取值

参数	符号	B-1	E-1	L-1	Q-1	数据来源
干土比热容 /(kg·K⁻¹)	C_s	840	840	840	840	经验取值
干土导热系数 /(W·m⁻¹·K⁻¹)	λ_s	1.38	1.38	1.38	1.38	经验取值
水相变潜热 /(J·kg⁻¹)	L	3.3456×10^5	3.3456×10^5	3.3456×10^5	3.3456×10^5	经验取值
原状土密度 /(kg·m⁻³)	ρ_s	1 898	1 888	1 786	1 867	试验
土饱和体积含水率	θ_s	0.307	0.319	0.330	0.280	试验
初始饱和度	S_0	0.739	0.831	0.921	0.829	试验
冻土冻结温度 /℃	T_f	-0.2	-0.15	-0.3	-0.1	试验
固液比常数	B	0.56	0.56	0.56	0.56	白青波(2015)
饱和土渗透系数 /(m·s⁻¹)	k_s	7.1×10^{-4}	7.1×10^{-4}	7.1×10^{-4}	7.1×10^{-4}	试验
VG 模型参数	l	0.5	0.5	0.5	0.5	Gardner(1958)
VG 模型参数	m	0.5	0.5	0.5	0.5	VG(1980)
VG 模型参数 (1/m)	a	2	2	2	2	VG(1980)

4. 模型验证

使用本节所述的建模方法和选取的参数建立室内冻融试验试样数值模型,通过模型计算结果和室内试验数据的对比进行模型验证。

(1)边界条件选择。

如图 4.20 所示,根据室内试验的温度曲线对模型顶面施加相同的温度边界条件,同时设定模型侧面和底面在温度场计算中为零通量边界,模型计算的初始温度在冻结模拟中为 10 ℃,在融化模拟中为 -25 ℃;在水分场计算中,模型所有边界均为零通量边界,模型计算的初始饱和度在冻结模拟中按照表 4.12 中参数 S_0 取值,在融化模拟中取0.001;

在固体力学计算中,约束模型底面所有的自由度,并指定模型的侧面在高度方向以外所有方向上的位移都为 0。

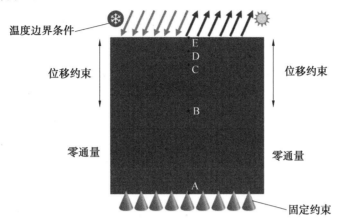

图 4.20　边界条件

（2）与室内试验的对比验证。

图 4.21 显示了冻结过程数值模拟的温度变化与室内试验的对比。如图 4.21 所示,在相同的温度边界条件下,4 个试样的温度变化情况吻合度较高,达到目标温度所需时间基本相同。在监测点温度降低到接近 0 ℃ 时,室内试验试样温度曲线存在一个明显的"相变台阶",在这一阶段水分发生相变凝固成冰,温度降低缓慢,这一阶段结束后温度继续以正常速度下降。在数值模拟结果中,相变台阶的开始时间较晚,持续时间也更短,这是因为数值模型将相变过程简化为随温度变化的"固液比",当温度达到对应值时冰水体积比立刻发生对应变化并释放热量,而实际的相变过程更复杂,与孔隙压力、土中杂质和水分含盐量等因素密切相关,这些变量是数值模型未纳入考虑的,因此产生了误差。但相变台阶的误差在模型温度初始值、边界条件远高于或低于相变温度的情况下对最终冻结时间和冻胀量的影响非常小。

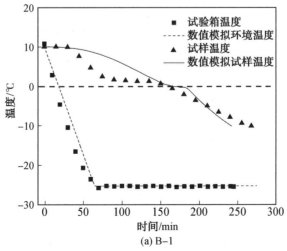

(a) B-1

图 4.21　冻结过程温度变化对比

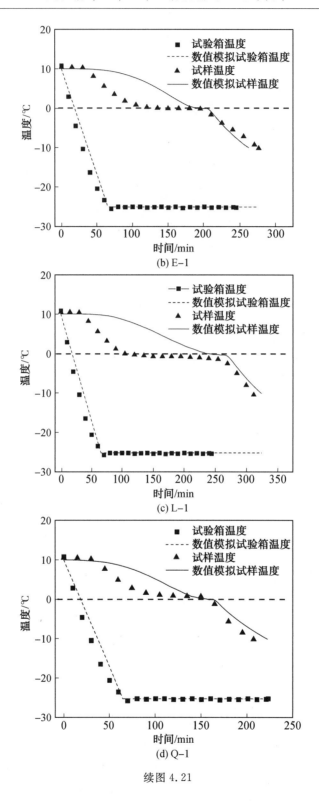

(b) E-1

(c) L-1

(d) Q-1

续图 4.21

表 4.13 将室内试验和数值模拟的冻胀量进行了对比,数值模拟的冻胀量略高于室内试验,误差最大的是试样 L－1,其试验和模拟冻胀量分别是 1.46 mm 和 1.60 mm,相对误差为 9.59%。

综上,认为数值模型是准确可靠的。

表 4.13　冻胀量对比

试样编号	B－1	E－1	L－1	Q－1
室内试验冻胀量 /mm	1.16	1.28	1.46	1.25
数值模拟冻胀量 /mm	1.21	1.40	1.60	1.27
误差 /%	4.31	9.38	9.59	1.60

4.2.4　物理模型

为方便模型的建立和计算,进行如下假定。

(1)不考虑地下水,即土壤冻结毛细现象的渗透系数完全通过 VG 模型和 Gardner 模型确定,且模型底面为水分场的零通量,这是由模型控制方程本身决定的。

(2)不考虑重力引起的渗流,即在计算中将水分场控制方程中的守恒通量源项即 $k(S)$ 设置为 0,这是因为重力的渗流作用在以年为计算尺度且无水源补充的情况下将使水分集中分布在土壤模型底部,这是不符合实际的。

(3)不考虑土壤本身的温度变形效应,即土壤的冻胀变形完全由孔隙冰水相变的体积变化决定。

(4)不考虑土壤孔隙率随地下深度可能的梯度变化。

1. 几何模型、边界条件

根据由地温监测试验记录得到的日均地表温度对模型上表面加载温度边界条件;根据地温监测数据,地表以下深度 11.5 m 处地温年变化率低于 3.25%,因此确定计算模型为直径 4 m、高 12 m 的圆柱体,如图 4.22 所示,并根据具体地温数据对下表面施加定温边界条件;为避免一致初始化计算失败,将模型初始温度设置为与下表面施加的定温边界条件相同的温度;同时设定模型侧面和底面在温度场计算中为零通量边界;在水分场和固体力学计算中,模型所有设置与 4.2.3 节所述相同。

2. 与实测温度场对比

图 4.23 所示为数值模拟地温场和实测地温场的对比。如图 4.23 所示,因设置的初始温度与实测值存在差别,在 150 d 之前,各深度地温的模拟值始终略高于实测值,但变化趋势一致,且随着时间增加,误差逐渐缩小;在 150 d 之后,模拟温度与实测温度非常吻合。因此,以 150 d 的地温场为初始值,从后 200 d 的模拟结果可以看出模型对地温场的模拟是准确的。

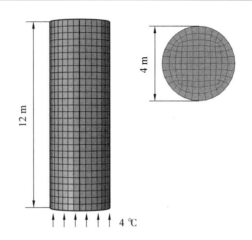

图 4.22　几何尺寸、离散化和边界条件

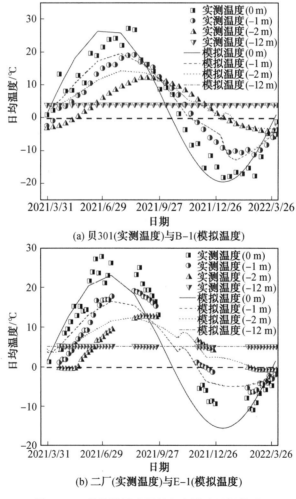

(a) 贝301(实测温度)与B-1(模拟温度)

(b) 二厂(实测温度)与E-1(模拟温度)

图 4.23　数值模拟地温场和实测地温场的对比

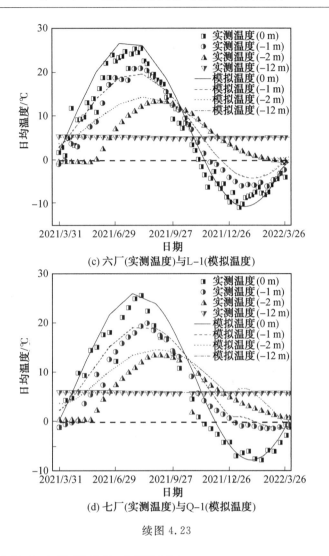

(c) 六厂(实测温度)与 L-1(模拟温度)

(d) 七厂(实测温度)与 Q-1(模拟温度)

续图 4.23

4.2.5　地基土水热迁移和冻胀融沉

1. 水热迁移

图 4.24 和图 4.25 所示为贝 301 地温变化情况和地温模型随时间的变化。从图 4.24 中可以看出,2021 年 8 月 28 日,随着深度增加,地温逐渐从 18.7 ℃下降至 4.0 ℃,且下降速率逐渐降低,深度大于 7.5 m 后温度变化率小于 10%;2021 年 10 月 17 日,因季节变化地表温度随气温降至零下,土壤开始结冰,冰水界面下降,随着深度增加,温度从地表 −0.3 ℃先升高后降低至 4.0 ℃,最高温 11.2 ℃位于 2.4 m 深处,温度下降速率随深度增加逐渐降低,深度大于 9.0 m 后温度变化率小于 10%;2022 年 1 月 5 日,随着深度增加,温度从 −19.4 ℃先升高后降低至 4.0 ℃,最高温 7.1 ℃位于 4.7 m 深处;2022 年 3 月 31 日,随着深度增加,温度从地表 1.0 ℃先降低后升高,最低温 −4.4 ℃位于 1.3 m 深处。

从图 4.25 中可以看出,与实测结果类似,地下温度随地表温度呈现延时性的周期变

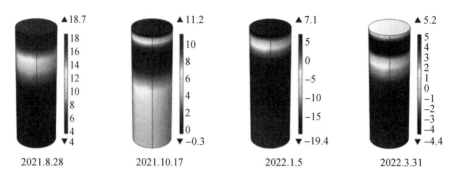

图 4.24 贝 301 地温变化情况(单位:℃)(彩图见附录)

化,且振幅随深度增加而降低,深度大于 6.0 m 后温度接近底面温度;在地表以下 2.0 m
以内,深度每增加 1.0 m,最低温度日约推迟 30 d,温度谷值约降低 8 ℃;地表以下 2.0 m
内深度范围的地温分布主要受到地表温度边界条件不同的影响,深度大于 6.0 m 后,地温
主要受到地热边界条件的影响。

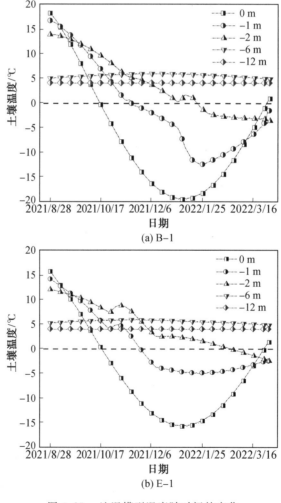

图 4.25 地温模型温度随时间的变化

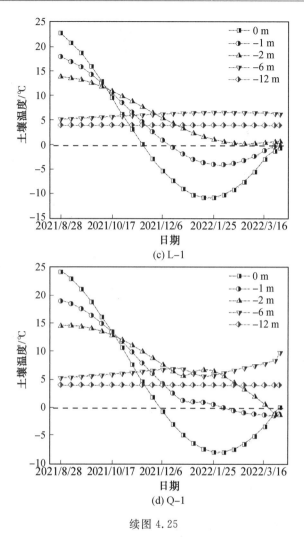

续图 4.25

图 4.26 和图 4.27 显示了贝 301 体积含冰量和体积含水量变化情况。如图 4.26 所示,与温度变化对应,地表在 2021 年 10 月 17 日体积含冰量达到对应饱和土冻结的体积含冰率,且体积冰含量继续增加;2022 年 1 月 5 日,冰水界面下移至 1.6 m 深,冰水界面以下体积含冰率接近 0;至 2022 年 3 月 31 日,冰水界面已经下移至地表以下约 2.6 m 处,此后地表冰开始融化,体积含冰量开始逐渐下降。

如图 4.27 所示,与温度变化对应,2021 年 10 月 17 日模型体积含水量开始出现梯队变化,这是因为地表土冻结,开始出现毛细现象;2022 年 1 月 5 日模型平均体积含水率因水分冻结而明显下降,最高体积含水率降至 13%,位于 6.7 m 深度以下,最低体积含水率为 10%,位于地表附近;至 2022 年 3 月 31 日,随着深度的增加,体积含水率先下降后上升,地表为饱和土,最小体积含水率为 7%,位于 1.8 m 深处,深度大于 2.0 m 后,体积含水率约为 10% 不变。

图 4.28 所示为地温模型体积含冰率和体积含水率随时间的变化。从体积含冰率变化曲线可以看出,在地面以下深度 2.0 m 范围内,深度每增加 1.0 m,开始冻结时间推迟

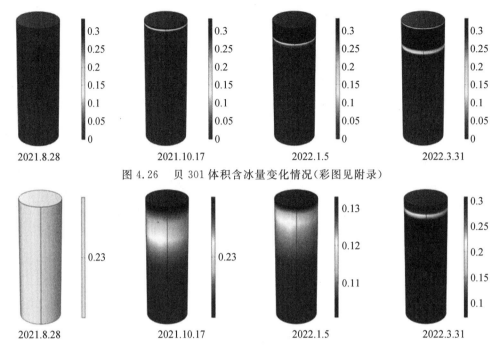

2021.8.28   2021.10.17   2022.1.5   2022.3.31

图 4.26　贝 301 体积含冰量变化情况（彩图见附录）

2021.8.28   2021.10.17   2022.1.5   2022.3.31

图 4.27　贝 301 体积含水量变化情况（彩图见附录）

约 30 ～ 75 d；各监测点的体积含冰率在开始冻结后迅速增加到最大值，保持一段时间后再迅速下降，体积含冰率最大值随深度增加而下降，地表体积含冰率最大值与土饱和体积含水率正相关，最大体积含冰率持续时间与低温边界条件持续时间正相关；深度大于6.0 m 的监测点体积含冰量始终为 0。从体积含水率变化曲线可以看出，开始结冰后不同深度的土壤体积含水率几乎同时先降低到最小值再升高，越靠近地表降低速度越快，开始上升时间越早，上升终点值越大，地表和 1.0 m 深处土壤体积含水率可能最终升至饱和体积含水率；不同深度土壤的体积含水率变化最小值差异较小，约为初始体积含水率的30% ～60%，初始土壤的平均相对饱和度越高，这个比例越大。

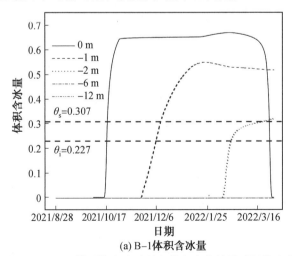

(a) B-1 体积含冰量

图 4.28　地温模型体积含冰量和体积含水量随时间的变化

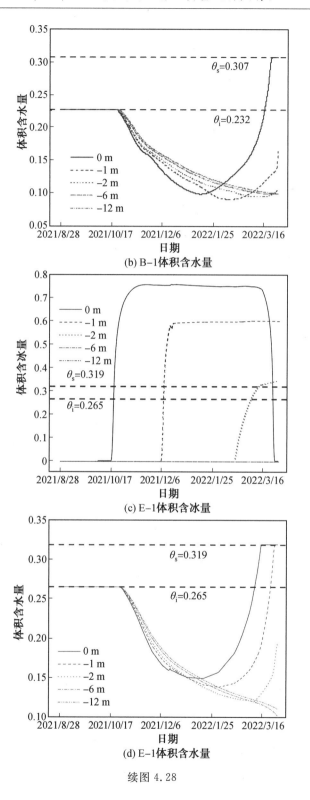

(b) B-1体积含水量

(c) E-1体积含冰量

(d) E-1体积含水量

续图 4.28

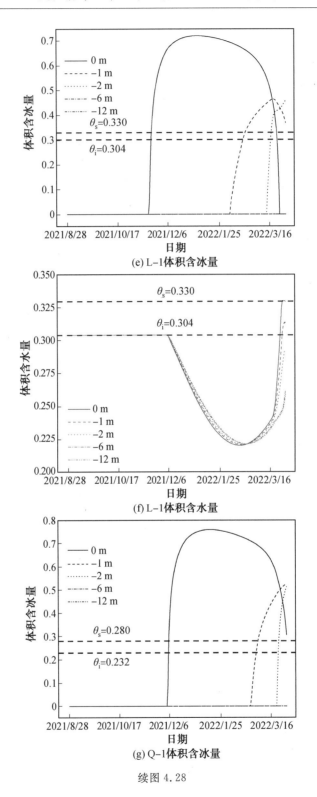

(e) L-1体积含冰量

(f) L-1体积含水量

(g) Q-1体积含冰量

续图 4.28

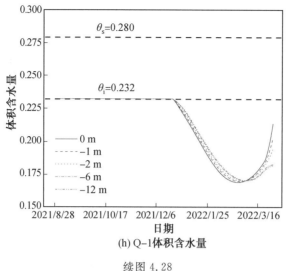

(h) Q-1 体积含水量

续图 4.28

2. 冻胀融沉

图 4.29 所示为贝 301 冻胀位移变化情况。如图所示,对应地表温度变化,2021 年 10 月 17 日开始出现冻胀位移,最大冻胀位移为 0.26 mm,位于地表,随着深度增加冻胀位移越来越小;2022 年 1 月 5 日,地表冻胀位移增加到 45.9 mm,下方土壤冻胀位移对应增加;2022 年 3 月 31 日,地表冻胀位移为 54 mm,下方土壤冻胀位移对应增加。

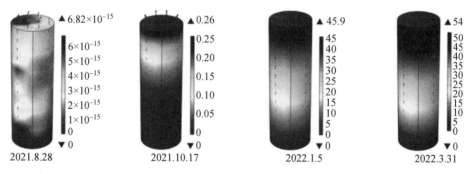

图 4.29　贝 301 冻胀位移变化情况(单位:mm)

图 4.30 所示为地温模型冻胀位移随时间的变化。如图所示,各模型的最大冻胀位移在 30.0 ～ 60.0 mm 范围内,最大影响因素是冻结期长度,其次为土壤体积含水量;因地表温度的差异,在计算时间内仅六厂和七厂模型出现融沉,在开始融沉后 30 ～ 40 d 内的最大融沉量大约是最大冻胀量的 25% ～ 50%,按照计算结束时的融沉量变化趋势,冻结期结束后 45 ～ 60 d 内地面高度将恢复冻结期之前的水平。按照模型计算得到的土壤冻胀率大约是 1.5% ～ 3.3%,与当地设计经验取值 1.0% ～ 3.5% 基本吻合。

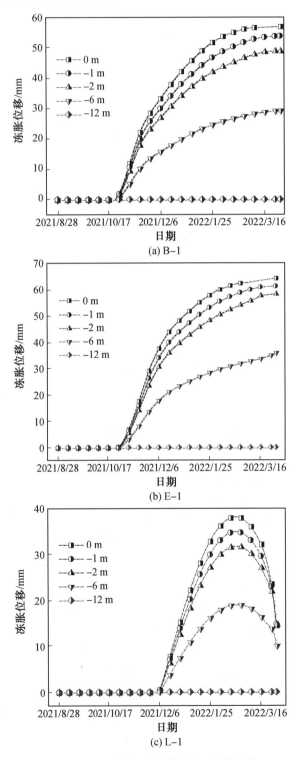

图 4.30　地温模型冻胀位移随时间的变化

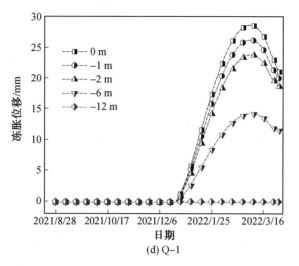

(d) Q-1

续图 4.30

第5章　太阳能原油维温系统运行特性

在第 2～4 章从流体流动传热的角度分析各单体设备运行特性和获取的相关参数的基础上，本章根据能量守恒定律，从系统整体角度出发，构建太阳能原油维温系统长周期能流输运模型，开展太阳能集热、相变储热与浮顶油罐用能供需动态运行特性研究，探索能量供需动态影响机制，为系统安全高效平稳运行提供支持。

5.1　太阳能原油维温系统能流输运特性试验

5.1.1　试验平台及测量内容

图 5.1 所示为太阳能原油维温系统试验平台。其主要由室外(图 5.1(a))和室内(图 5.1(b))两大部分组成。室外部分主要包括真空管集热器、循环泵、膨胀水箱和阀门；室内部分主要包括板式换热器、相变储热罐、储油罐、蓄液罐、电加热器、电磁流量计、循环泵、安捷伦温度巡检仪和阀门等。相关设备信息见表 5.1。对于室外部分，真空管集热器收集的热量通过板式换热器与室内部分进行换热。对于室内部分，经板式换热器换热所得高温传热流体，流入相变储热罐或储油罐，而后传热流体进入蓄液罐后流回板式换热器完成换热，再次循环。储油罐设置旁通管(来流温度过低时，需经旁通管进行循环加热)。图 5.1(c) 所示为太阳能原油维温系统试验平台系统示意图。

(a) 室外部分

图 5.1　太阳能原油维温系统试验平台

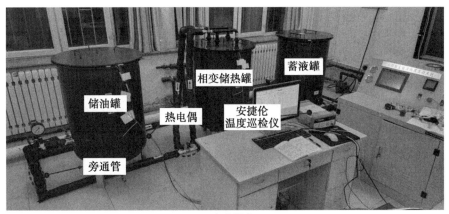

(b) 室内部分

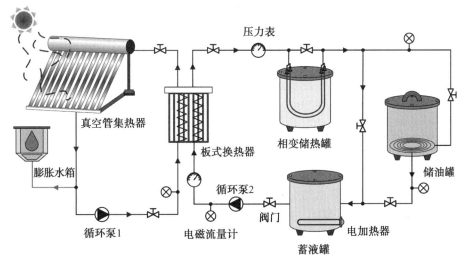

(c) 系统示意图

续图 5.1

表 5.1   相关设备信息

设备	参数	厂家
循环泵 1	型号:DBZ－35 功率:550 W 流量:4 m³/h 扬程:35 m	上海韩一机电有限公司
循环泵 2	型号:25WZX45－0.55 功率:550 W 流量:1.4 m³/h 扬程:25 m	浙江玉环楚门远东机电厂

设备	参数	厂家
电磁流量计	型号:CZLL－DC－25 精度等级:0.5	大连诚至流体成套设备有限公司
压力表	精度等级:1.6级 测量范围:0～1 MPa	富阳市科创仪表有限公司
电加热器	功率:6 kW 材质:304不锈钢加厚无缝管 长度:400 mm 管径:10 mm 连接方式:螺纹连接	上海绿地电热电器
安捷伦温度巡检仪	型号:Agilent34970A 计算机接口:GPIB、RS－232	北京中仪是德科技有限公司

为分析相变储热罐储热特性及其释热过程中系统能流输运特性,开展相变储热罐相变充能试验和相变储热罐相变释能试验。

5.1.2 不确定度分析

1. 设备单体不确定度分析

设备单体不确定度主要由热电偶温度测量重复性引起,因此试验开始前需评估不确定度,以保证试验数据的可靠性。同一条件下(5.1.3 相变充能试验和相变释能试验)独立重复3次测量相变储热罐内流体平均温度。每次测量结果记为 $X_i(i=1,2,\cdots)$,则平均温度的标准差 σ 为

$$\sigma = \sqrt{\dfrac{\displaystyle\sum_{i=1}^{n}(X_i-\overline{X})^2}{n-1}} \qquad (5.1)$$

式中 σ —— 标准差;

X_i —— 样本值;

n —— 样本数量;

$\overline{X}$ —— 样本算术平均值。

$$\overline{X} = \frac{1}{n}\sum_{i=1}^{n}X_i \qquad (5.2)$$

测量结果的不确定度 u_{s1} 为

$$u_{s1} = \frac{\sigma}{\sqrt{n}} \qquad (5.3)$$

相变充能和相变释能过程测量结果的相对不确定度 $u_{1,s}$ 和 $u_{2,s}$ 为

$$u_{1,s} = u_{2,s} = \frac{u_{s1}}{\overline{X}} \qquad (5.4)$$

图 5.2 所示为相变储热罐平均温度的平均相对不确定度。由图可以看出,对于相变充能过程,平均温度重复性测量引入的相对不确定度随时间增加而逐渐减小,平均相对不确定度为 0.14%;对于相变释能过程,平均温度重复性测量引入的平均相对不确定度为 0.02%。相变充能和相变释能过程的平均温度测量重复性较好,表明测量数据可靠。

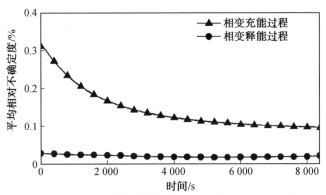

图 5.2　相变储热罐平均温度的平均相对不确定度

2. 系统不确定度分析

由于相变充能试验和相变释能试验的不确定度相对独立,需要计算系统不确定度,其计算式为

$$u_{s} = \sqrt{u_{1,s}^{2} + u_{2,s}^{2}} \tag{5.5}$$

将上述 $u_{1,s}$ 和 $u_{2,s}$ 数值代入式(5.5),计算得出系统不确定度为 0.14%。

5.1.3　试验结果分析

1. 相变充能试验

试验前,通过电加热器将蓄液罐内传热流体加热至 70 ℃,而后关闭电加热器。传热流体在相变储热罐和蓄液罐构成的子系统内循环流动,对相变储热罐进行相变充能,如图 5.3 所示。室内环境平均温度为 17.9 ℃。试验中传热流体流速为 1.2 ~ 1.3 m³/h,相变储热罐内蓄热介质为水,热电偶布置于相变储热罐内用于监测温度变化,测点位置如图 5.4 所示。

图 5.5 所示为相变充能试验测点温度。由图可知,在相变充能期间,罐内流体温度逐渐升高,不同高度处测点的温度升高幅度有所不同,而同一高度处的测点温度较为接近。沿重力方向,温度呈现逐渐降低的变化趋势,罐内流体出现热分层。对于测点 A1 和 A2,由于其靠近传热流体进口,加之受热后水密度降低,热水会向罐顶处上移,因此其温度最高。对于测点 C1 和 C2,由于其靠近换热盘管底部,此处热交换面积较小,因此温度较其他测点略低。当相变充能时间为 8 385 s 时,三组不同高度处测点的温度分别稳定在 34.5 ℃、33.1 ℃ 和 30.9 ℃,可以认为相变充能结束。

2. 相变释能试验

试验前,将相变储热罐与蓄液罐内流体加热至一定温度,而后关闭电加热器。需要说明的是,受环境及换热效率影响,蓄液罐与相变储热罐初始温度无法达到均一,在蓄液罐

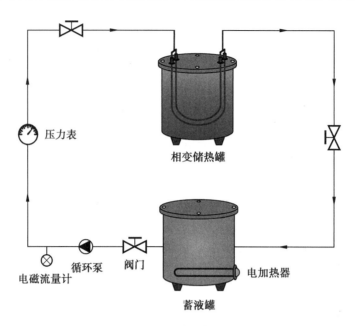

图 5.3　相变充能试验

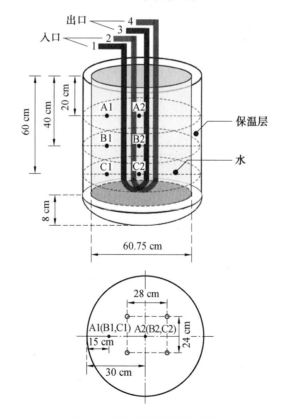

图 5.4　相变储热罐测点位置

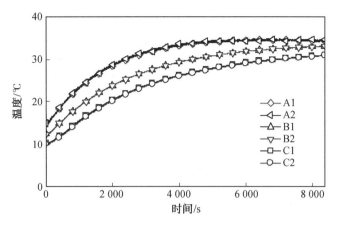

图 5.5　相变充能试验测点温度

内传热流体加热至 70 ℃ 时,相变储热罐内不同高度处测点温度在 55 ～ 60 ℃ 范围内微小变化,此时视为两个设备达到热平衡,关闭电加热器进行相变释能试验,如图 5.6 所示。室内环境平均温度为 16.4 ℃。试验中传热流体流速为 1.2 ～ 1.3 m³/h,相变储热罐内蓄热介质为水,储油罐内流体平均温度为 10.4 ℃。传热流体在相变储热罐、蓄液罐和储油罐构成的子系统内循环流动,对相变储热罐进行释能。热电偶布置于蓄液罐、储油罐和相变储热罐内用于监测温度变化,测点位置如图 5.4 和 5.7 所示。

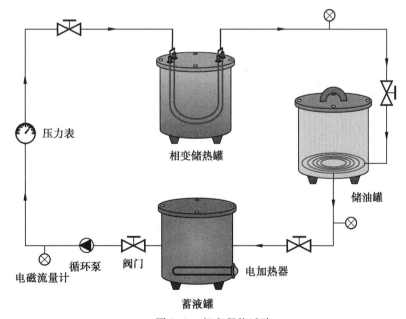

图 5.6　相变释能试验

图 5.8 所示为相变释能试验测点温度。由图 5.8(a)可知,随着相变释能时间增加,储油罐内测点温度逐渐升高,且 9 000 s 后温度变化趋于稳定。由于储油罐内换热充分,不同高度处测点温度彼此相近。由图 5.8(b)可知,随着相变释能时间增加,相变储热罐内测点温度先升高后降低。出现此结果的原因是:初始时刻蓄液罐内流体温度高于相变储热罐内流体温度(结合图 5.8(b)、(c)可知),热量传递方向为蓄液罐至相变储热罐。当蓄

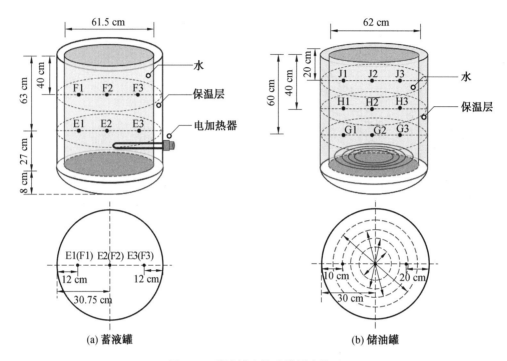

图 5.7 蓄液罐和储油罐测点位置

液罐内流体温度低于相变储热罐内流体温度时,相变储热罐充当储油罐和蓄液罐的热源,故而相变储热罐内测点温度逐渐降低。此外,相比于低位测点(C1、C2)温度,相变储热罐内较高测点处温度较高,其原因与对图5.5的分析类似。由图5.8(c)可知,随着相变释能时间增加,蓄液罐内流体温度逐渐降低,且不同测点温度相近,这是由于蓄液罐内储存的流体与传热流体发生直接换热,热交换较为充分,因此不同高度处测点温度相近。

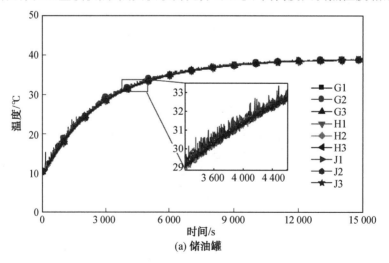

(a) 储油罐

图 5.8 相变释能试验测点温度

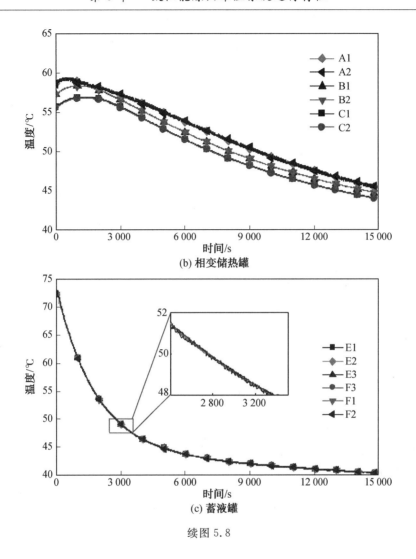

(b) 相变储热罐

(c) 蓄液罐

续图 5.8

5.2　太阳能原油维温系统仿真模型建立

为分析太阳能原油维温系统长周期运行特性,通过试验开展相关研究工作存在高成本和低效率等缺点,因此采用 TRNSYS 软件数值研究太阳能原油维温系统运行特性。

太阳能原油维温系统是一个较为复杂的系统,因此,做出以下假设:

(1)集热器表面的灰尘和污染物对集热器集热性能无影响;

(2)相变材料的相变温度恒定不变;

(3)传热流体的热物性参数与温度无关。

太阳能原油维温系统主要包括气象文件、集热器模块、相变储热模块、浮顶油罐模块、辅助热源模块、信号控制模块及在线输出模块等。传热流体流动过程为:经集热器模块集热后流入相变储热模块储存太阳能量,或流入浮顶油罐模块直接加热原油,在集热器模块关闭或相变储热模块不足以提供热量时开启辅助热源模块。信号控制模块实现太阳能原

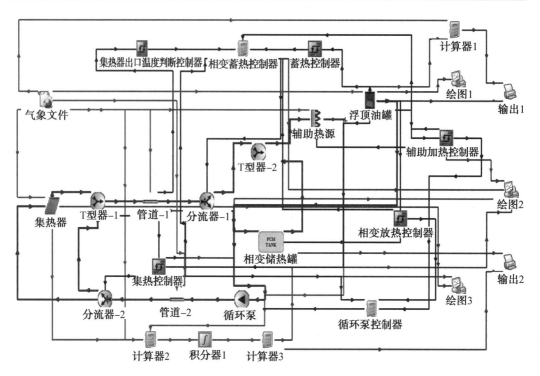

图 5.9   太阳能原油维温系统仿真模型示意图

油维温系统运行。图 5.9 为太阳能原油维温系统仿真模型示意图。

5.2.1   各控制器的控制策略

集热器出口温度判断控制器:集热器出水温度大于 48 ℃ 时,输出信号为 1;集热器出水温度小于 45 ℃ 时,输出信号为 0。

蓄热控制器:原油平均温度大于 42 ℃ 时,蓄热控制器输出信号为 1;原油平均温度小于 40.5 ℃ 时,蓄热控制器输出信号为 0。

集热控制器:集热器出口温度与原油平均温度之差大于 7 ℃ 时,传热流体经由集热器进行流动;集热器出口温度与原油平均温度之差小于 2 ℃ 时,传热流体经分流器 -2 进入 T 型器 -1 进行流动。

相变蓄热控制器:记录集热器出口温度判断控制器、蓄热控制器、辅助加热控制器、集热控制器和相变放热控制器的输出信号,并将信号输出至分流器 -1,用于调控传热流体流动路径。

相变放热控制器:相变储热罐内 PCM 平均温度与浮顶油罐内原油平均温度之差大于 2 ℃ 时,由相变储热罐为原油维温提供热量。

辅助加热控制器:原油温度低于 41 ℃ 时,输出信号为 1,辅助热源开启;原油温度高于 45 ℃ 时,输出信号为 0,辅助热源关闭。

循环泵控制器:集热控制器、相变放热控制器和辅助加热控制器输出信号为 1,则循环泵运行,否则循环泵关闭。

5.2.2　仿真模型标准部件

该仿真模型共包括 13 类标准部件。

（1）气象文件（Type-TMY2）。

该部件输入参数包括：外界环境干球温度、表面总太阳辐射强度、表面太阳散射辐射强度、表面入射角度、太阳天顶角、太阳方位角、表面坡度、表面方位角。

（2）集热器（Type71）。

该部件输入参数包括：集热器串联数、集热器面积、传热流体比热容、集热器拦截效率。

（3）循环泵（Type114）。

该部件输入参数包括：循环泵额定流量、传热流体比热容、循环泵额定功率。

（4）相变储热罐（Type159）。

该部件输入参数包括：相变储热罐容积、相变储热罐高度、相变储热罐周长、PCM 比热容、PCM 密度、PCM 潜热、PCM 相变温度、相变储热罐箱体热损系数、初始温度、换热盘管内传热流体比热容。

（5）辅助热源（Type659）。

该部件输入参数包括：辅助热源额定功率、传热流体比热容。

（6）浮顶油罐（Type156）。

该部件输入参数包括：浮顶油罐容积、浮顶油罐高度、浮顶油罐罐体热损系数、原油比热容、原油密度、原油导热系数、原油黏度、原油热膨胀系数、换热盘管进出口高度、换热盘管内径、换热盘管外径、换热盘管长度、换热盘管导热系数、换热盘管内传热流体比热容、换热盘管内传热流体密度、换热盘管内传热流体导热系数和换热盘管内传热流体黏度。

（7）分流器（Type11f）。

该部件作用是调节传热流体流量分配。无须输入参数，只需要用户连接部件。

（8）T 型器（Type11h）。

该部件作用是调节各支路传热流体合流。无须输入参数，只需要用户连接部件。

（9）系统管道（Type31）。

该部件输入参数包括：管道内径、管道长度、管道热损系数、传热流体密度、传热流体比热容、初始温度。

（10）计算器。

该部件基于用户需求，用于相关参数计算或信号控制。

（11）积分器（Type24）。

该部件基于用户需求，用于相关参数积分计算。

（12）在线输出设备（Type65）。

该部件用来显示模拟结果，主要包括：左右轴线上的变量数目、左右轴的变量范围及轴的节点数等。输入变量的个数及类型由用户定义的部件参数决定。

（13）运算结果输出设备（Type25）。

该部件用来输出模拟结果，主要包括：打印时间间隔、初始时间、停止时间、打印标题及打印标签等。输入变量的个数由用户根据需要自己定义。

5.2.3 仿真参数计算与设置

在本仿真模型中,主体由集热器、相变储热罐、辅助热源、浮顶油罐等模块构成,主体运行由控制器和控制信号调控。具体的计算参数设置如下。

1. 集热器

(1)集热器效率方程。

集热器效率方程可以依据 Hottel-Whillier 稳态传热模型得出:

$$\eta = F_R \tau \alpha - F_R U_L \frac{(T_i - T_o)}{I} \tag{5.6}$$

式中 η —— 集热器效率,%;

T_i、T_o —— 集热器进口、出口流体温度,℃;

I —— 斜面总太阳辐照度,W/m²;

F_R —— 集热器的热转移因子;

$\tau \alpha$ —— 集热器玻璃套管透射率和吸热率的乘积;

U_L —— 集热器热损系数,W/(m²·K)。

在集热器效率方程中,热损系数 U_L 与($T_i - T_a$)之间存在线性关系,对式(5.6)进行修正得到

$$\eta = F_R \tau \alpha - F_R U_I \frac{(T_i - T_a)}{I} - F_R U_{L,T} \frac{(T_i - T_a)^2}{I} \tag{5.7}$$

式中 $U_{L,T}$ —— 依赖于温度 T 的热损系数,kJ/(h·m²·K);

U_I —— $U_I = U_L$;

T_a —— 环境温度,℃。

对式(5.7)进行整理得

$$\eta = a_0 - a_1 \frac{(T_i - T_a)}{I} - a_2 \frac{(T_i - T_a)^2}{I} \tag{5.8}$$

式中 a_0 —— 集热器的(最大)截距;

a_1 —— 集热器效率方程的一阶系数;

a_2 —— 集热器效率方程的二阶系数。

式(5.8)即为集热器效率方程,其中 a_0、a_1 和 a_2 三个参数共同决定了集热器热效率,依据相关标准(ASHERE、SRCC 和 CEN)规定的太阳能真空管集热器测试可以获取这三个参数值。

(2)集热器面积。

基于 GB 50495—2019《太阳能供热采暖工程技术标准》,太阳能集热器面积宜通过动态模拟计算确定,对于季节蓄热直接系统真空管集热器面积应按下式计算:

$$A = \frac{86\ 400 Q_J f D_s}{J_d \eta_{cd} (1 - \eta_L) [D_s + (365 - D_s) \eta_s]} \tag{5.9}$$

式中 A —— 季节蓄热直接系统真空管集热器面积,m²;

Q_J—— 太阳能集热系统设计热负荷,W;

f—— 太阳能保证率,取 50%;

D_s—— 浮顶油罐加热时间,对于大庆地区,一般自 10 月至来年 3 月或 4 月进行原油加热,故取 180 d;

J_d—— 当地集热器采光面上的年平均日太阳辐照量,J/($m^2 \cdot$ d),参考 GB 50495—2019《太阳能供热采暖工程技术标准》,以哈尔滨地区为例,其值为 15 394 kJ/($m^2 \cdot$ d);

η_{cd}—— 基于面积的集热器平均集热效率,基于第 4 章不同 PCM 热物性参数下集热器平均集热效率结果,取 52%;

η_L—— 管路及蓄热装置热损失率,取 15%;

η_s—— 季节蓄热系统效率,取 0.8。

2. 循环泵

基于 GB 50364—2018《民用建筑太阳能热水系统应用技术标准》,在强制循环的太阳能集热系统中应设置循环泵,其扬程和流量应符合以下规定:

$$q_x = q_{gx} A \tag{5.10}$$

式中 q_x—— 集热系统循环流量,m^3/h;

q_{gx}—— 单位面积集热器对应的工质流量,应按集热器产品实测数据确定,无实测数据时,可取 0.054 ~ 0.072 m^3/(h $\cdot$ m^2),相当于0.015 ~ 0.020 L/(s $\cdot$ m^2)。

太阳能集热系统循环泵的扬程计算式为

$$H_x = h_{jx} + h_j + h_f \tag{5.11}$$

式中 H_x—— 循环泵扬程,kPa;

h_{jx}—— 集热系统循环管路的沿程与局部阻力损失,kPa;

h_j—— 循环流量流经集热器的阻力损失,kPa;

h_f—— 附加压力,取 20 ~ 50 kPa。

3. 相变储热罐

根据能量守恒,相变储热罐的传热量计算式为

$$C_{PCM}\rho_{PCM}V_{PCM}\frac{dT_{PCM}}{dt} = Q_f + Q_h - Q_l \tag{5.12}$$

$$Q_f = m_{HTF}C_{HTF}(T_i - T_{PCM}) \tag{5.13}$$

$$Q_h = \eta m_{HTF}C_{HTF}(T_i - T_{PCM}) \tag{5.14}$$

$$Q_l = A_t U_t(T_{PCM} - T_t) + A_l U_l(T_{PCM} - T_l) + A_b U_b(T_{PCM} - T_b) \tag{5.15}$$

式中 Q_f、Q_h、Q_l—— 传热流体进入相变储热罐的传热量、换热盘管的传热量、相变储热罐的散热量,W;

C_{PCM}、C_{HTF}—— 相变材料和传热流体的比热容,J/(kg $\cdot$ K);

m_{HTF}—— 传热流体的入口质量流量,kg/s;

ρ_{PCM}—— 相变材料密度,kg/m^3;

V_{PCM}—— 相变储热罐体积,m^3;

η—— 相变储热罐平均能效,结合第 3 章数值分析和工程实际,取 70%;

T_i、T_{PCM}—— 传热流体入口温度和 PCM 相变温度(45 ℃),℃;

T_t、T_l、T_b—— 相变储热罐顶部、侧壁和底部的表面温度,℃;

A_t、A_l、A_b—— 相变储热罐顶部、侧壁和底部的表面积,m²;

U_t、U_l、U_b—— 相变储热罐顶部、侧壁和底部的传热系数,W/(m² · K)。

4. 辅助热源

基于浮顶油罐热负荷,对辅助热源进行选型。

5. 浮顶油罐

浮顶油罐热负荷(即浮顶油罐散热损失)主要包括浮顶油罐罐顶、侧壁和罐底的散热损失,相关计算式为

$$Q_{t,s} = Q_s + Q_c + Q_x \tag{5.16}$$

$$Q_s = U_s A_s (T_{oil} - T_{air}) \tag{5.17}$$

$$Q_c = U_c A_c (T_{oil} - T_{air}) \tag{5.18}$$

$$Q_x = U_x A_x (T_{oil} - T_{air}) \tag{5.19}$$

式中　$Q_{t,s}$—— 浮顶油罐散热损失,W;

Q_s—— 浮顶油罐罐顶散热损失,W;

Q_c—— 浮顶油罐侧壁散热损失,W;

Q_x—— 浮顶油罐罐底散热损失,W;

U_s—— 浮顶油罐罐顶热损系数,W/(m² · K);

U_c—— 浮顶油罐侧壁热损系数,W/(m² · K);

U_x—— 浮顶油罐罐底热损系数,W/(m² · K);

A_s—— 浮顶油罐罐顶面积,m²;

A_c—— 浮顶油罐侧壁面积,m²;

A_x—— 浮顶油罐罐底面积,m²;

T_{oil}—— 原油设计温度,取 40 ℃;

T_{air}—— 大庆冬季室外平均温度,取 -8.6 ℃。

基于能量守恒定律,浮顶油罐内换热盘管提供的热量等于浮顶油罐热负荷,其计算式为

$$Q_{t,s} = h A_{coil} (T_{HTF} - \overline{T}_{oil}) \tag{5.20}$$

$$h = c Ra^n \lambda_{oil} / L \tag{5.21}$$

$$Ra = g\alpha L_{tank} \Delta T / \nu^2 \tag{5.22}$$

式中　A_{coil}—— 浮顶油罐内换热盘管面积,参考第 2 章中的翅片管束优化值确定,m²;

T_{HTF}—— 换热盘管内传热流体温度,℃;

$\overline{T}_{oil}$—— 原油平均温度,℃;

c、n—— 常数,默认分别为 0.4 和 0.25;

Ra—— 瑞利数;

λ_{oil}—— 原油导热系数,W/(m · K);

L—— 浮顶油罐内换热盘管长度,m;

L_{tank}—— 浮顶油罐高度,m;

g—— 重力加速度,m/s^2;

α—— 原油热膨胀系数,K^{-1};

ΔT—— $\Delta T = T_{HTF} - \overline{T}_{oil}$;

ν—— 原油运动黏度,m^2/s。

5.3 太阳能原油维温系统全年运行特性分析

5.3.1 太阳能原油维温系统模型验证

为验证模型的可靠性,采用 5.1.3 节中相变充能试验和相变释能试验的相变储热罐和储油罐内流体(分别为 PCM 和原油)平均温度作为"真实值"对所建模型进行验证。相变储热罐和储油罐内各测点温度加权平均值作为罐内流体平均温度,相变储热罐内换热盘管平均能效为 0.11(试验测得相变储热罐进出口温度及罐内流体平均温度,利用式(3.23)计算而得),图 5.10 所示为模型验证结果。由图可知,模拟值与试验值变化趋势一致,且吻合度较好。

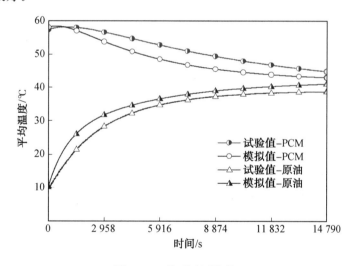

图 5.10 模型验证结果

为定量分析模拟值和试验值的吻合程度,采用如下指标评估。

(1) 均方根误差(RMSE)。

(2) 相对均方根误差(PRMSE)。

(3) 均方根误差变异系数(CVRMSE)。

(4) 平均偏差(MBE)。

(5) 标准平均偏差(NMBE)。

(6) 拟合优度(GOF)。

（7）相关系数（R^2）。

（8）箱线平均值（BMW）。

（9）标准差。

表 5.2 为国际上常用的评估标准，选取 ASHRAE 14 评估标准验证本模型吻合度。

表 5.2　国际上常用的评估标准

指标	标准		
	ASHRAE 14	IPMVP	FEMP
CVRMSE	$\pm 30\%$	$\pm 20\%$	$\pm 30\%$
MBE	$\pm 10\%$	$\pm 5\%$	$\pm 10\%$

其中，均方根误差 RMSE、相对均方根误差 PRMSE、均方根误差变异系数 CVRMSE、平均偏差 MBE 和标准平均偏差 NMBE 的计算式如下。

$$RMSE = \sqrt{\frac{1}{n}\sum_{i=1}^{n}(M_i - S_i)^2} \tag{5.23}$$

$$PRMSE = \sqrt{\frac{1}{n}\sum_{i=1}^{n}\left(\frac{M_i - S_i}{M_i}\right)^2} \tag{5.24}$$

$$CVRMSE = \frac{\sqrt{\frac{1}{n}\sum_{i=1}^{n}(M_i - S_i)^2}}{\overline{M}} \times 100\% \tag{5.25}$$

$$MBE = \frac{\sum_{i=1}^{n}|M_i - S_i|}{\sum_{i=1}^{n}M_i} \tag{5.26}$$

$$NMBE = \frac{\sum_{i=1}^{n}(M_i - S_i)}{n \times \overline{M}} \times 100\% \tag{5.27}$$

式中　S_i——模拟值；

M_i——试验值；

$\overline{M}$——平均试验值；

n——数据个数。

由表 5.3 可知，模拟值与试验值的偏差在 ASHRAE 14 允许范围内，产生偏差的原因主要有：① 受试验仪器精度影响，试验测量存在一定程度的偏差；② 模拟中假设液体介质为常物性，而试验中介质受温度影响物性会略微变化；③ 分析周期较短，对误差存在一定程度的影响。

表 5.3　误差

RMSE/℃		PRMSE		CVRMSE/%		MBE		NMBE/%	
PCM	原油	PCM	原油	PCM	原油	PCM	原油	PCM	原油
3.18	2.60	0.06	0.11	6.18	7.86	0.06	0.07	5.75	7.29

5.3.2　太阳能原油维温系统评估指标

为分析太阳能原油维温系统的运行特性,采用太阳能保证率、集热器集热效率、原油平均温度、浮顶油罐散热损失、PCM 平均温度和 PCM 液相分数等指标进行定量评估。其中,原油平均温度、PCM 平均温度和 PCM 液相分数可由 TRNSYS 软件监测得到。

太阳能保证率是指系统中由太阳能提供的热量占系统总负荷的百分率,其值越高,表示系统中太阳能承担的热负荷比重越大。太阳能保证率可通过监测集热器获得的有用能与辅助热源供热量,经图 5.9 中的计算器 3 计算后由输出 2 输出。其计算式为

$$f = \frac{Q_{solar}}{Q_{aux}} \times 100\% \tag{5.28}$$

式中　f—— 太阳能保证率,%;

　　　Q_{solar}—— 集热器获得的有用能,W;

　　　Q_{aux}—— 辅助热源供热量,W。

集热器集热效率是指集热器获得的有用能与入射到集热器的太阳辐照量之比。集热器集热效率可通过监测集热器获得的有用能、太阳辐射强度和有效集热器面积,经图 5.9 中的计算器 3 计算后由输出 2 输出。其计算式为

$$\eta = \frac{Q_{solar}}{AI} \times 100\% \tag{5.29}$$

式中　η—— 集热器集热效率,%;

　　　A—— 有效集热器面积,m^2;

　　　I—— 太阳辐射强度,W/m^2。

浮顶油罐散热损失计算式为

$$Q_t = U_s A_s (\overline{T}_{oil} - T_{air}) + U_c A_c (\overline{T}_{oil} - T_{air}) + U_x A_x (\overline{T}_{oil} - T_{air}) \tag{5.30}$$

式中　Q_t—— 浮顶油罐散热损失,W。

5.3.3　太阳能原油维温系统运行特性分析

国际上所用的气象数据均为一个典型年的气象数据,典型年气象数据是经过整理选取的共有 8 760 h 的逐时气象资料组成的气象参数数据集,包括干/湿球温度、太阳辐射强度、风速及风向等。

GB 50189—2005《公共建筑节能设计标准》中对典型气象年的定义为:以近 30 年的月平均值为依据,从近 10 年的资料中选取一年各月接近 30 年的平均值作为典型气象年。由于选取的月平均值处于不同的年份,资料不连续,还需要进行月间平滑处理。

气象数据取自 TRNSYS 软件中典型年气象数据库(TMY-2 模块),大庆地区逐时室外温度和总太阳辐射强度(直射 + 散射)如图 5.11 所示。

模拟中,浮顶油罐罐高为 10 m,传热流体为乙二醇溶液,传热流体流速为 7 kg/s,相变储热罐内 PCM 为熔点 42 ℃ 的石蜡。石蜡、原油和乙二醇溶液的物性参数见表 5.4。PCM 和原油初始温度分别为 30 ℃ 和 24 ℃。

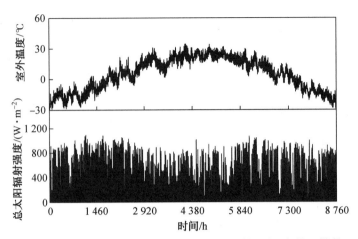

图 5.11　大庆地区逐时室外温度和总太阳辐射强度(直射＋散射)

表 5.4　材料物性参数

材料	密度 /(kg · m^{-3})	比热容 /(J · kg^{-1} · K^{-1})	导热系数 /(W · m^{-1} · K^{-1})	相变温度 /℃	相变潜热 /(kJ · kg^{-1})
石蜡	880(s)/760(l)	2 850	—	42	102
原油	798	2 000	0.151 6	—	—
乙二醇溶液	1 064	3 358	0.394	—	—

注:数字后(s)代表固体,(l)代表液体。

图 5.12 所示为太阳能原油维温系统在一年运行期间的太阳能保证率。由图可知,太阳能保证率基本呈现先增加后降低的变化趋势,且最高太阳能保证率为 46.5%,与系统初设方案设计的 50% 太阳能保证率相差 3.5%,二者非常接近。表 5.5 为逐月平均太阳能保证率。由表可知,平均太阳能保证率随运行时间增加先增加后降低,最低和最高平均太阳能保证率分别出现在1月和10月,其值分别为 20.96% 和 45.84%。在 1～3 月,受初始条件影响,平均太阳能保证率在 30% 以下;在 10～12 月加热维温初期,平均太阳能保证率在 40% 以上,太阳能具有较高的系统热负荷承担比例,这与提高原油维温系统清洁能源占比、降低常规能源消耗的需求相符。

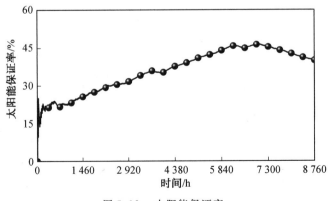

图 5.12　太阳能保证率

表 5.5　逐月平均太阳能保证率

月份	平均太阳能保证率	月份	平均太阳能保证率
1	20.96%	7	39.02%
2	23.58%	8	42.29%
3	27.37%	9	45.18%
4	30.43%	10	45.84%
5	33.77%	11	44.11%
6	35.91%	12	41.26%

图 5.13 所示为集热器集热效率。由图可知,集热器集热效率基本维持在 50% 左右,表明在运行期间集热器集热效率较为稳定,这对于系统来说是有利的。表 5.6 为逐月平均集热器集热效率。可以看出,10 月平均集热器集热效率最高,为 49.99%,1 月平均集热器集热效率最低,为 44.79%,两者相差 5.2%。平均集热器集热效率最高和最低数值出现月份与平均太阳能保证率相同,此结果进一步表明集热器所集热量可以保证系统中太阳能承担的热负荷比例,对发展太阳能原油维温系统具有重要工程意义。

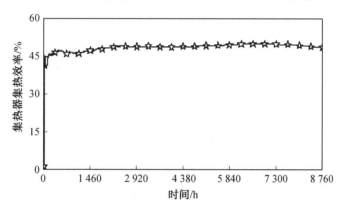

图 5.13　集热器集热效率

表 5.6　逐月平均集热器集热效率

月份	平均集热器集热效率	月份	平均集热器集热效率
1	44.79%	7	48.95%
2	46.49%	8	49.32%
3	47.85%	9	49.86%
4	48.91%	10	49.99%
5	48.84%	11	49.62%
6	48.70%	12	48.95%

图 5.14 所示为相变储热罐内 PCM 液相分数。由图可知,在春季和冬季,PCM 液相分数为 0,而在夏秋两季 PCM 液相分数较高,出现此结果的原因与外界环境有关。具体而言,夏秋两季具有较高的外界环境温度和辐射强度,太阳能原油维温系统优先选择利用相变蓄热方式对原油加热维温,高温传热流体加热 PCM,故而其液相分数较高;在春冬两

145

季,室外温度较低,太阳辐射波动剧烈,从分流器—1出来的传热流体优先选择经 T 型器—2进入辅助热源对原油加油维温,这样保证了在较低太阳能利用率情况下,传热流体携带的热量优先用于原油加热,而非经相变蓄热后再加热原油,从而避免了能量在输运过程中的折损。

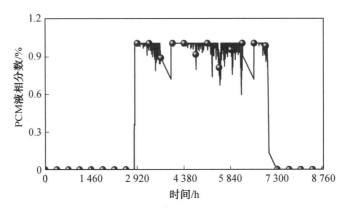

图 5.14　相变储热罐内 PCM 液相分数

图 5.15 所示为相变储热罐内 PCM 平均温度。由图可以看出,PCM 平均温度在春季和冬季较低,而在夏秋两季较高,且夏秋两季的 PCM 平均温度高于 PCM 的相变温度($T_m = 45$ ℃)。具体而言,PCM 平均温度不低于其相变温度的时间段为 2 820 ～ 7 284 h,占全年时长的 50.96%,即全年中有过半的时间可以发挥相变材料蓄释能的优势。然而,应注意到的是,除去加热初期(10 月份)PCM 平均温度高于其相变温度,可进行相变蓄热外,11 ～ 12 月和 1 ～ 3 月时 PCM 平均温度均低于其相变温度,相变蓄释能的优势无法体现,系统仅能依靠集热器或辅助热源进行原油加热维温。这不仅与大庆地区太阳能资源禀赋有关(太阳能集热量和集热温度有限),也与所选高熔点相变材料有关(原油维温温度高,相变材料的相变温度相应提高)。

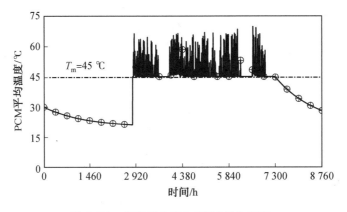

图 5.15　相变储热罐内 PCM 平均温度

图 5.16 所示为浮顶油罐内原油平均温度。由图可知,受系统初始温度影响,0 ～ 2 199 h(1 月至 4 月初)原油平均温度低于设计温度($T_{oil} = 40$ ℃),但随着系统运行时间增加,原油平均温度逐渐升高。在 2 199 h 后,原油平均温度在 40 ～ 45 ℃ 范围内呈波动变

化,且均高于设计温度,原油平均温度高于设计温度的时长为 6 561 h,占全年时长的
74.9%。结合图 5.15 分析可知,由于相变储热罐在原油加热维温中后期相变潜能失效,
此期间原油加热维温热量均由集热器或辅助热源提供,这在一定程度上保证了原油加热
维温期间可满足周转作业的需求。

图 5.17 所示为浮顶油罐内原油散热损失。由图可知,原油散热损失整体呈先降低后
升高的变化趋势,在春冬两季,原油与外界之间温差较大,故而散热损失较大;在夏秋两
季,原油与外界之间温差较小,故而散热损失较小,其值在 $100\sim400$ kW 范围内剧烈波动
(受每日气象参数变化影响)。

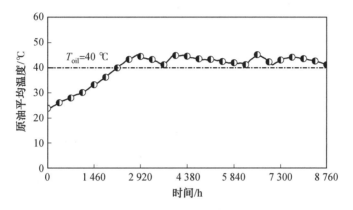

图 5.16   浮顶油罐内原油平均温度

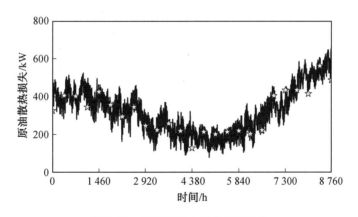

图 5.17   浮顶油罐内原油散热损失

以原油加热维温初期(10 月 1 日—10 月 7 日)、中期(12 月 1 日—12 月 7 日)和后期(3
月 1 日—3 月 7 日)为例,图 5.18 给出了不同加热时期浮顶油罐内原油散热损失。由图可
知,原油散热损失整体呈周期性变化趋势,且不同加热时期的原油散热损失数值和变化幅
度不同。原油加热初期,外界温度较高,原油与外界温差较小,故而原油散热损失较小,其
数值在 $200\sim400$ kW 范围内周期性波动;原油加热中期,外界温度较低,原油与外界温差
较大,故而原油散热损失较大,其数值在 $400\sim600$ kW 范围内呈微上升趋势波动;原油加
热后期,随着外界温度逐渐升高,原油与外界温差减小,故而原油散热损失减小,其数值在
400 kW 左右波动。

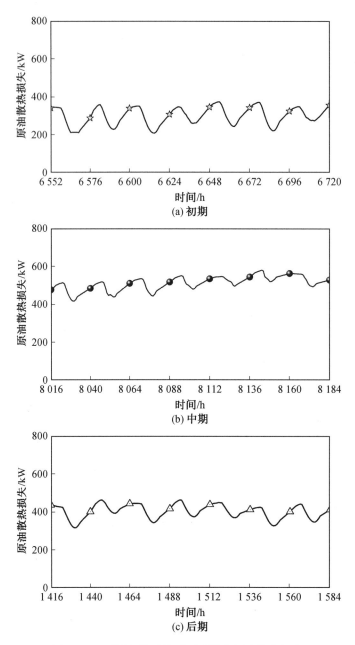

图 5.18　不同加热时期浮顶油罐内原油散热损失

　　图 5.19 所示为相变储热罐、集热器和辅助热源逐月供热量占比。由图可知,集热器供热量占比呈现先增加后降低的变化趋势,最大和最小供热量占比分别出现在 7 月和 12 月,其值分别为 67.07% 和 18.40%,这与外界温度和太阳辐射强度有关。需要说明的是,由于集热器获得的有用能分别用于 PCM 蓄热和原油维温,因此在冬季集热器供热量占比低于其太阳能保证率。辅助热源供热量占比呈现先降低后增加的变化趋势,因外界环境影响,5 月、7 月和 8 月辅助热源供热量为 0,原油维温热量由相变储热罐和集热器提供。

4～10 月,PCM 相变放热潜力得以激发,在 8 月相变储热罐供热量占比达到最大(34.16%),但在 1～3 月、11 月和 12 月相变储热罐不参与原油维温,主要原因是初始条件影响和集热器提供给相变储热罐的热量低于相变储热罐的散热损失。集热器、相变储热罐与外界环境关联性大,二者在夏秋季可发挥太阳能与相变储能优势为原油加热维温,但在春冬季依然需要辅助热源来保障原油维温。

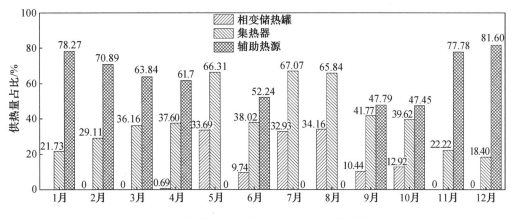

图 5.19　相变储热罐、集热器和辅助热源逐月供热量占比

5.4　太阳能原油维温系统参数影响分析

5.4.1　原油储量影响

为分析原油储量对太阳能原油维温系统能流输运特性的影响,选取 5 m、10 m 和 15 m 三种油品液位高度进行研究,传热流体流速为 7 kg/s,原油初始温度为 24 ℃,其他物性参数见表 5.4。

图 5.20 所示为不同油品液位高度时相变储热罐内 PCM 平均温度。由图可知,油品液位高度增加,PCM 平均温度首次达到相变温度的用时增加。油品液位高度分别为 5 m、10 m 和 15 m 时,相应耗时分别为 1 957 h、2 819 h 和 3 516 h。此外,油品液位高度增加,PCM 平均温度维持在 PCM 相变温度及以上的时长减少。油品液位高度分别为 5 m、10 m 和 15 m 时,PCM 平均温度维持在 PCM 相变温度及以上的时长分别为 6 712 h(1 957 h ～8 669 h)、4 464 h(2 819 h ～7 283 h)和 3 882 h(3 516 h ～7 398 h)。出现这一现象的主要原因是油品液位高度增加,原油维温所需的热量也增加,造成从相变储热罐取热量增加。

图 5.21 所示为不同油品液位高度时相变储热罐内 PCM 液相分数。由图可知,油品液位高度增加,PCM 液相分数的变化规律类似于 PCM 平均温度,即 PCM 开始熔化的时刻延后,且维持液相及固液共存的时长减少。对于此结果的解释为:油品液位高度增加,加热原油所需的热量增加,加之春冬季外界环境温度较低且太阳辐照波动剧烈,传热流体携带的热量不足以加热 PCM,相变储热罐内 PCM 以固相存在,故而 PCM 液相分数较低;

而在夏秋季节,外界环境温度与太阳辐射较强,传热流体在集热管内吸收较多的辐射热量,经由相变储热罐内盘管换热后 PCM 温度升高,PCM 逐渐熔化,故而其液相分数较高。当油品液位高度分别为 5 m、10 m 和 15 m 时,PCM 具备相变蓄释能的时长(即非固相的时长)分别为 6 711 h、4 463 h 和 3 881 h。与 5 m 油品液位高度时相比,10 m 和 15 m 油品液位高度时的 PCM 具备相变蓄释能时长减少 33.50% 和 42.17%。结果表明,增加油品液位高度,由相变储热罐作为热源用于原油加热维温的时长减少,亦表明在系统方案设计时相变储热罐的体积应与浮顶油罐热负荷匹配。

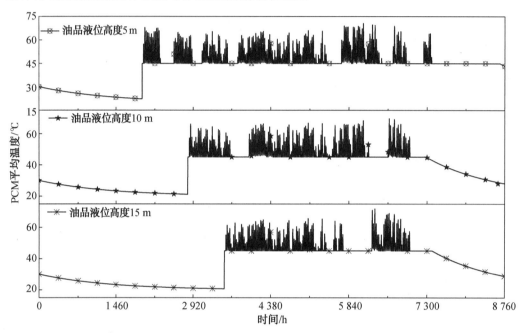

图 5.20   不同油品液位高度时相变储热罐内 PCM 平均温度

图 5.22 所示为不同油品液位高度时集热器集热效率。由图可知,油品液位高度增加,集热器集热效率上升,且不同时期其上升幅度略有差异,为更清晰地表明其变化规律,图 5.23 给出了不同季节(4～5月为春季,6～8月为夏季,9～10月为秋季,1～3月和11～12月为冬季)不同油品液位高度时平均集热器集热效率。由图可知,无论何种油品液位高度,集热器集热效率均呈现先升高后降低的变化趋势,且均在秋季时达到最大,冬季时最小,如 10 m 油品液位高度时,秋冬两季的集热器集热效率相差2.38%。相比于5 m 油品液位高度时,10 m 和 15 m 油品液位高度时的平均集热器集热效率在春夏秋冬四季分别增加 1.69% 和 3.11%,1.02% 和 2.12%,0.78% 和 1.62%,1.12% 和 1.8%。

图 5.24 所示为不同油品液位高度时太阳能保证率。由图可知,在 0～2 190 h,由于受初始条件影响,不同油品液位高度时太阳能保证率较为相近,此后油品液位高度对太阳能保证率的影响随运行时间增加而逐渐凸显出来。油品液位高度增加,太阳能保证率降低,3 种油品液位高度最大太阳能保证率分别为 51.3%、46.5% 和 43.2%,相比于5 m 油品液位高度时,10 m 和 15 m 油品液位高度时的最大太阳能保证率分别降低 4.8% 和 8.1%。在等梯度油品液位高度下(即油品液位高度由 5 m 增加至 10 m 的低位梯度和由

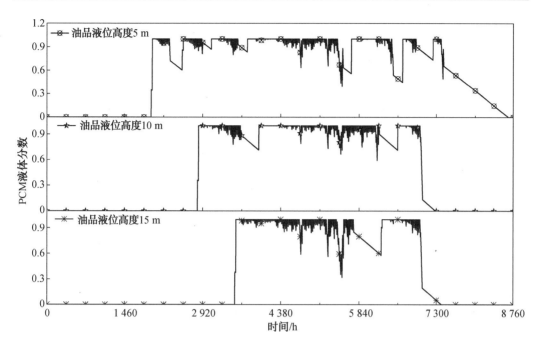

图 5.21　不同油品液位高度时相变储热罐内 PCM 液相分数

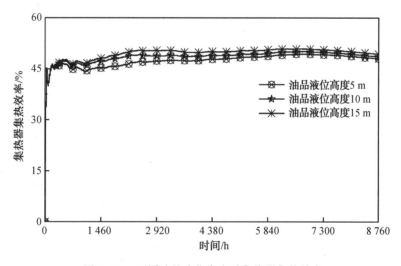

图 5.22　不同油品液位高度时集热器集热效率

10 m 增加至 15 m 的高位梯度两种情况），高位梯度时的太阳能保证率降幅趋势较弱，如在 4 380 h、5 840 h、7 300 h 和 8 760 h 时，低位和高位梯度油品液位时的太阳能保证率分别降低 4.7% 和 2.5%，3.8% 和 3.2%，4.3% 和 3.1%，3.6% 和 2.1%。

图 5.25 所示为不同油品液位高度时浮顶油罐内原油平均温度。由图可知，油品液位高度增加，浮顶油罐内原油平均温度达到设计温度的时间延后。油品液位高度分别为 5 m、10 m 和 15 m 时，浮顶油罐内原油平均温度达到 $T_{oil} = 40$ ℃ 的用时分别为 1 545 h、2 199 h 和 2 846 h。相比于 5 m 油品液位高度时，10 m 和 15 m 油品液位高度时达到设计温度的时间分别延迟 42.33% 和 84.21%。在集热器、相变储热罐和辅助热源作用下，当

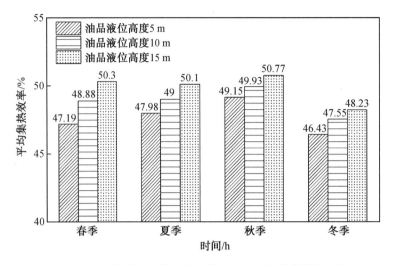

图 5.23　不同季节不同油品液位高度时平均集热器集热效率

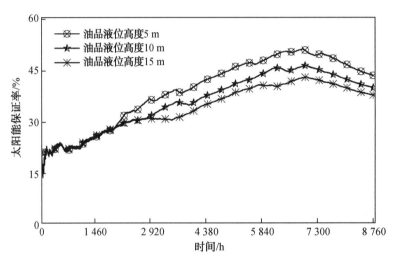

图 5.24　不同油品液位高度时太阳能保证率

浮顶油罐内原油平均温度达到设计温度后,其维温温度在 $T_{oil}=40\ ℃$ 以上,并呈周期性波动,且油品液位高度增加,温度波动频率减小。出现此结果的原因是原油储量增加,其热容量亦增加,体现为改变浮顶油罐内原油平均温度需要较长时间。

　　图 5.26 所示为不同油品液位高度时浮顶油罐散热损失。由图可知,不同油品液位高度时浮顶油罐散热损失的变化趋势和量级大小较为相近,为更明显地表示其间差别,图 5.27 给出了不同油品液位高度时浮顶油罐年总散热损失。由图可知,油品液位高度增加,浮顶油罐年总散热损失增加,相比于 5 m 油品液位高度时,10 m 和 15 m 油品液位高度时的浮顶油罐年总散热损失分别增加 3.97% 和 6.79%,主要原因是油品液位高度增加,浮顶油罐侧壁与外界环境间的换热面积增加。

　　图 5.28 所示为不同油品液位高度时相变储热罐、集热器和辅助热源年均供热量占比。由图可知,油品液位高度增加,相变储热罐和集热器年均供热量占比降低,辅助热源

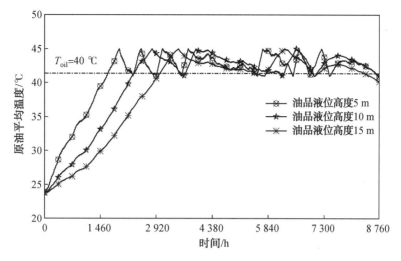

图 5.25　不同油品液位高度时浮顶油罐内原油平均温度

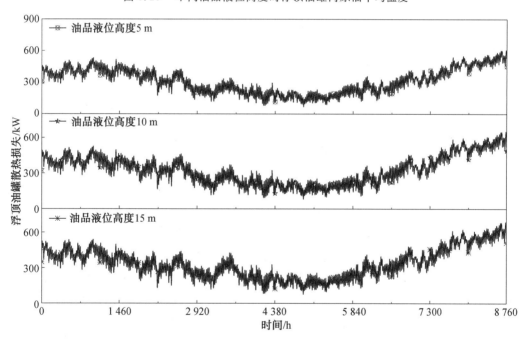

图 5.26　不同油品液位高度时浮顶油罐散热损失

年均供热量占比增加。相比于 5 m 油品液位高度时,10 m 和 15 m 油品液位高度时辅助热源年均供热量占比分别增加 3.46% 和 5.59%,相变储热罐和集热器年均供热量占比分别降低 2.22%、3.54% 和 1.23%、2.04%。其主要原因是原油储量增加,原油维温所需的热量增加,相变储热罐和集热器供热量有限,原油加热维温负荷由辅助热源承担。

5.4.2　传热流体流速影响

为分析传热流体流速对太阳能原油维温系统能流输运特性的影响,选取 3.5 kg/s、7 kg/s 和 14 kg/s 三种传热流体流速进行研究,油品液位高度为 10 m,原油初始温度为

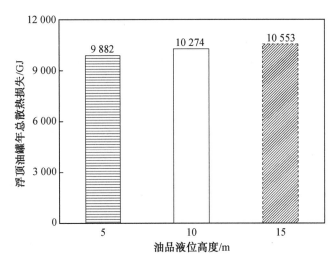

图 5.27　不同油品液位高度时浮顶油罐年总散热损失

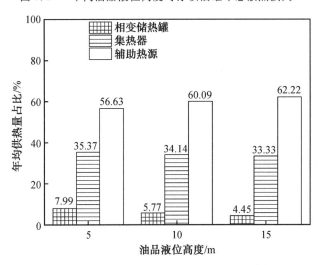

图 5.28　不同油品液位高度时相变储热罐、集热器和辅助热源年均供热量占比

24 ℃,其他物性参数见表 5.4。

图 5.29 所示为不同传热流体流速时相变储热罐内 PCM 平均温度。由图可知,传热流体流速增加,PCM 平均温度首次达到相变温度的用时减少。传热流体流速分别为 3.5 kg/s、7 kg/s 和 14 kg/s 时,相应耗时分别为 3 969 h、2 819 h 和 2 340 h。相比于 3.5 kg/s 传热流体流速时,7 kg/s 和 14 kg/s 传热流体流速时 PCM 平均温度达到 PCM 相变温度所用时间减少 28.97% 和 41.04%。传热流体流速分别为 3.5 kg/s、7 kg/s 和 14 kg/s 时,PCM 平均温度维持在 PCM 相变温度及以上的时长分别为 4 791 h(3 969 ～ 8 760 h)、4 464 h(2 819 ～ 7 283 h)和 5 526 h(2 340 ～ 7 866 h)。传热流体流速增加,最大 PCM 平均温度降低。其主要原因是传热流体流速增加,传热流体与相变储热罐内 PCM 发生热交换的时间缩短,传热过程不够充分,故而最大 PCM 平均温度降低。

图 5.30 所示为不同传热流体流速时相变储热罐内 PCM 液相分数。由图可知,传热

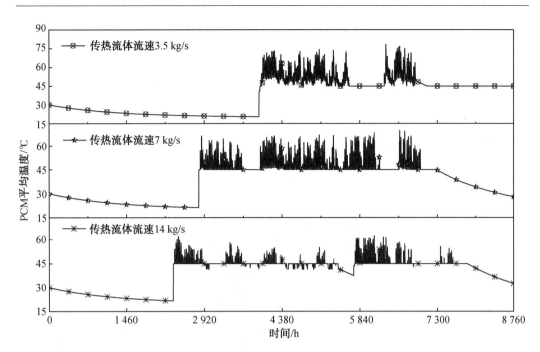

图 5.29　不同传热流体流速时相变储热罐内 PCM 平均温度

流体流速增加,PCM 首次达到完全液相的时间提前。相比于 3.5 kg/s 传热流体流速时,
7 kg/s 和 14 kg/s 传热流体流速时 PCM 达到完全液相所用时间分别提前 28.79% 和
39.71%。传热流体流速增加,PCM 液相分数在熔化期间振荡加剧,其原因与传热流体和
PCM 发生热交换时间缩短有关,PCM 吸收传热流体热量或释放热量给传热流体、PCM 与
环境间散热综合作用导致 PCM 液相分数变化剧烈。另一方面,传热流体流速增加,PCM
在冬季出现相变失效现象,即其液相分数为 0,存在无法激发相变蓄释热潜能的问题。此
结果表明,在相变蓄热不足以为原油维温提供热量时,添加辅助热源和集热器直供加热
(集热器出口温度满足原油加热维温需求的前提下)是保障原油维温的重要手段。

　　图 5.31 所示为不同传热流体流速时集热器集热效率。由图可知,传热流体流速增
加,集热器集热效率上升,且不同时期其上升幅度略有差异,表 5.7 给出了不同传热流体
流速时年平均集热器集热效率。由表可知,三种传热流体流速时年平均集热器集热效率
分别为 44.46%、48.53% 和 50.88%,分别提升 4.07% 和 2.35%,此结果表明增加传热流
体流速可以提升集热器集热效率,但增幅趋向降低。

表 5.7　不同传热流体流速时年平均集热器集热效率

传热流体流速 /(kg·s⁻¹)	3.5	7	14
年平均集热器集热效率 /%	44.46	48.53	50.88

　　图 5.32 所示为不同传热流体流速时太阳能保证率。由图可知,在 1 ～ 5 月(0 ～
2 920 h),3.5 kg/s 传热流体流速时太阳能保证率高于另外两种传热流体流速时,且

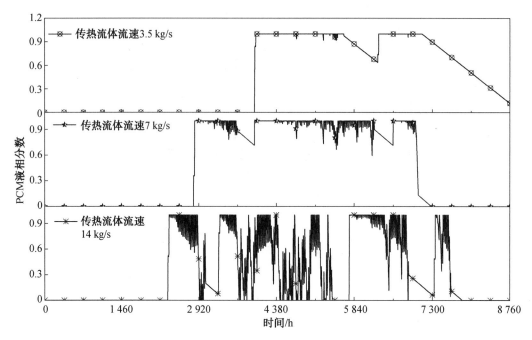

图 5.30　不同传热流体流速时相变储热罐内 PCM 液相分数

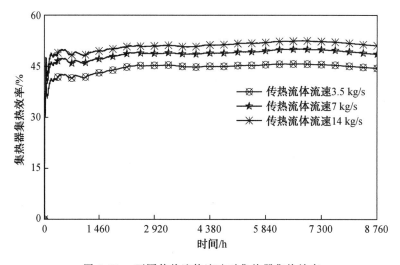

图 5.31　不同传热流体流速时集热器集热效率

7 kg/s 和 14 kg/s 传热流体流速时太阳能保证率较为接近,二者相差不大;在 5 ～ 12 月 (2 920 ～ 8 760 h),14 kg/s 传热流体流速时太阳能保证率最大,其后依次为 7 kg/s 和 3.5 kg/s 传热流体流速时,且后两者间相差较小。三种传热流体流速时最大太阳能保证率(出现时刻)分别为 44.81%(6 904 h)、46.5%(6 974 h) 和 49.3%(6 828 h)。

图 5.33 所示为不同传热流体流速时浮顶油罐内原油平均温度。由图可知,传热流体流速增加,浮顶油罐内原油平均温度达到设计温度的时间提前。传热流体流速分别为 3.5 kg/s、7 kg/s 和 14 kg/s 时,对应达到 $T_{oil} = 40$ ℃ 的时间分别为 2 945 h,2 199 h 和 1 954 h。相比于 3.5 kg/s 传热流体流速时,7 kg/s 和 14 kg/s 传热流体流速时达到原油

156

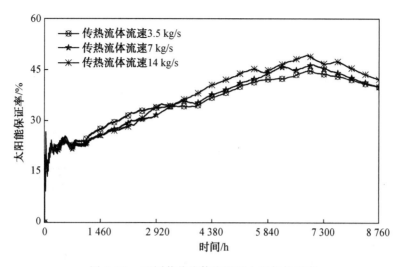

图 5.32　不同传热流体流速时太阳能保证率

设计温度的时间分别提前 25.33% 和 33.65%。在 7 898 ～ 8 760 h, 3.5 kg/s 传热流体流速时原油平均温度低于设计温度, 主要原因是传热流体流速低, 传热流体提供给原油加热维温的热量不足以弥补浮顶油罐向外界环境的散热损失。

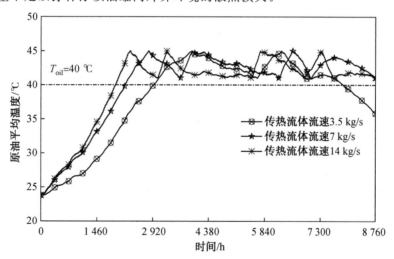

图 5.33　不同传热流体流速时浮顶油罐内原油平均温度

　　图 5.34 所示为不同传热流体流速时浮顶油罐散热损失。由图可知, 不同传热流体流速时, 浮顶油罐散热损失的变化趋势和量级大小较为相近, 为更明显地表示其间差别, 图 5.35 给出了不同传热流体流速时浮顶油罐年总散热损失。由图可知, 传热流体流速增加, 浮顶油罐年总散热损失增加, 但增幅趋向减小。相比于 3.5 kg/s 传热流体流速时, 7 kg/s 和 14 kg/s 传热流体流速时年总散热损失分别增加 5.70% 和 5.28%。

　　图 5.36 所示为不同传热流体流速时相变储热罐、集热器和辅助热源年均供热量占比。由图可知, 传热流体流速增加, 相变储热罐年均供热量占比提升, 集热器和辅助热源年均供热量占比降低。相比于 3.5 kg/s 传热流体流速时, 7 kg/s 和 14 kg/s 传热流体流速

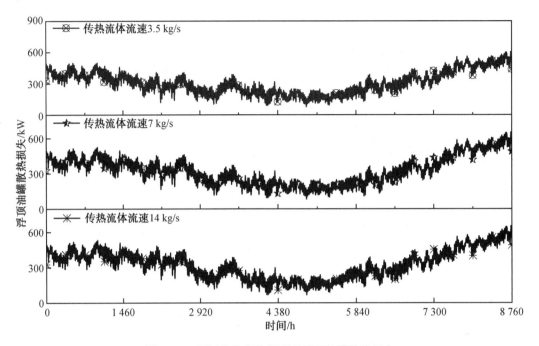

图 5.34　不同传热流体流速时浮顶油罐散热损失

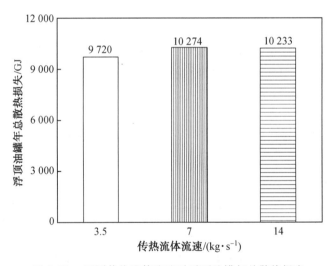

图 5.35　不同传热流体流速时浮顶油罐年总散热损失

时的相变储热罐年均供热量占比分别增加 1.78％ 和 3.66％，辅助热源年均供热量占比分别降低 0.08％ 和 2.25％，集热器年均供热量占比分别降低 1.70％ 和 1.41％。其主要原因是传热流体流速增加，相变储热罐内 PCM 处于非固相时长增加（图 5.30）和浮顶油罐内原油平均温度较高（图 5.33），原油加热维温热量构成中相变储热罐承担占比增加，辅助热源年均供热量占比降低。

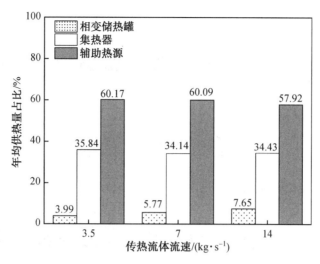

图 5.36　不同传热流体流速时相变储热罐、集热器和辅助热源年均供热量占比

5.4.3　原油初始温度影响

为分析原油初始温度对太阳能原油维温系统能流输运特性的影响,选取 24 ℃、32 ℃ 和 40 ℃ 三种原油初始温度进行研究,油品液位高度为 10 m,传热流体流速为 7 kg/s,其他物性参数见表 5.4。

图 5.37 所示为不同原油初始温度时相变储热罐内 PCM 平均温度。由图可知,原油初始温度提升,PCM 平均温度首次达到相变温度所用时间减少,且维持在 PCM 相变温度及以上的时长增加。原油初始温度分别为 24 ℃、32 ℃ 和 40 ℃ 时,PCM 平均温度首次达到相变温度的用时分别为 2 819 h、2 604 h 和 2 337 h,维持在 PCM 相变温度及以上的时长分别为 4 464 h(2 819 ~ 7 283 h)、4 826 h(2 604 ~ 7 430 h) 和 6 423 h(2 337 ~ 8 760 h)。相比于 24 ℃ 原油初始温度时,32 ℃ 和 40 ℃ 原油初始温度时 PCM 平均温度首次达到相变温度的时间分别提前 7.63% 和 17.10%,对应维持在 PCM 相变温度及以上时长分别增加 8.11% 和 43.88%。结果表明提升原油初始温度不仅可以提前激发相变储热罐内 PCM 相变潜力,而且可以延长 PCM 供热时间,有利于持续稳定发挥 PCM 相变蓄热作用。

图 5.38 所示为不同原油初始温度时相变储热罐内 PCM 液相分数。由图可知,原油初始温度提升,PCM 首次达到完全液相的时间提前。相比于 24 ℃ 原油初始温度时,32 ℃ 和 40 ℃ 原油初始温度时 PCM 达到完全液相所用时间分别提前 7.63% 和 16.98%。随着原油初始温度的提升,PCM 液相分数在熔化期间振荡加剧,主要原因是 PCM 吸收传热流体热量或释放给传热流体热量和 PCM 与环境间散热量相互影响。另一方面,原油初始温度提升至 40 ℃ 时,在冬季期间未出现 PCM 相变失效现象,即其液相分数不为 0,可进行相变放热为原油维温提供热量。

图 5.39 所示为不同原油初始温度时集热器集热效率。由图可知,原油初始温度提升,集热器集热效率下降,且不同时期其改变幅度略有差异,表 5.8 给出了不同原油初始温度时年平均集热器集热效率。由表可知,三种原油初始温度时年平均集热器集热效率

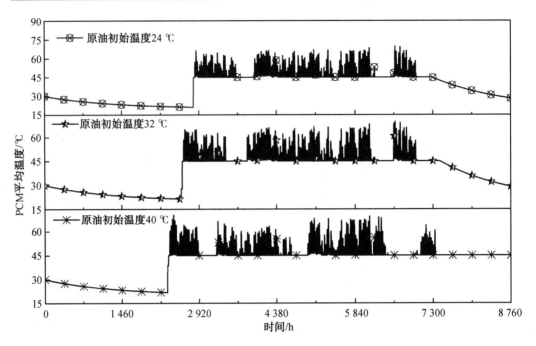

图 5.37　不同原油初始温度时相变储热罐内 PCM 平均温度

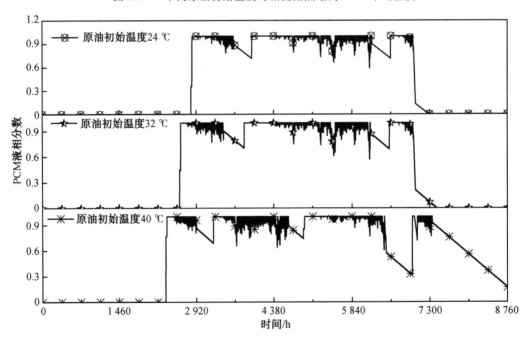

图 5.38　不同原油初始温度时相变储热罐内 PCM 液相分数

分别为 48.53%、47.08% 和 45.76%。相比于 24 ℃ 原油初始温度时,后两者的年平均集热器集热效率分别降低 1.45% 和 2.77%。

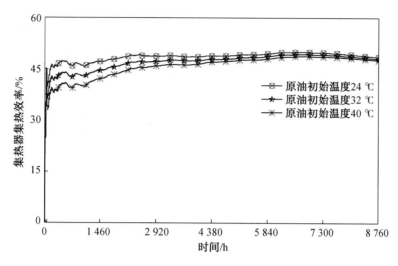

图 5.39 不同原油初始温度时集热器集热效率

表 5.8 不同原油初始温度时年平均集热器集热效率

原油初始温度 /℃	24	32	40
年平均集热器集热效率 /%	48.53	47.08	45.76

图 5.40 所示为不同原油初始温度时太阳能保证率。由图可知,提升原油初始温度,太阳能保证率增加。相比于 24 ℃ 原油初始温度时,32 ℃ 和 40 ℃ 原油初始温度时年平均太阳能保证率分别提升 0.63% 和 1.64%。在等梯度原油初始温度差值下,高位梯度温差(即原油初始温度为 40 ℃ 与 32 ℃ 的温差)下的年平均太阳能保证率高于低位梯度温差(即原油初始温度为 32 ℃ 与 24 ℃ 的温差)下的年平均太阳能保证率,高位或低位梯度温差下的年平均太阳能保证率分别为 1.01% 和 0.63%。

图 5.41 所示为不同原油初始温度时浮顶油罐内原油平均温度。由图可知,原油初始温度提升,浮顶油罐内原油平均温度达到设计温度的时间提前。原油初始温度分别为 24 ℃、32 ℃ 和 40 ℃ 时,对应达到设计温度的时间分别为 2 199 h、1 953 h 和 1 548 h。相比于 24 ℃ 原油初始温度时,32 ℃ 和 40 ℃ 原油初始温度时达到设计温度的时间分别提前 11.19% 和 29.60%。在原油首次达到设计温度后,原油平均温度开始随时间增加呈现波动变化,其波动范围为 40 ~ 45 ℃,且在冬季亦能维持在设计温度以上。然而,原油初始温度提升,其与外界环境温差增大,引起散热损失增加,导致冬季的原油平均温度降低。

图 5.42 所示为不同原油初始温度时浮顶油罐散热损失。由图可知,不同原油初始温度浮顶油罐散热损失变化趋势和量级大小较为相近,为更明显地表示其间差别,图 5.43 给出了不同原油初始温度时浮顶油罐年总散热损失。由图可知,原油初始温度提升,浮顶油罐年总散热损失增加,但增幅趋向减小。相比于 24 ℃ 原油初始温度时,32 ℃ 和 40 ℃ 原油初始温度时浮顶油罐年总散热损失分别增加 3.25% 和 5.65%。

图 5.44 所示为不同原油初始温度时相变储热罐、集热器和辅助热源年均供热量占

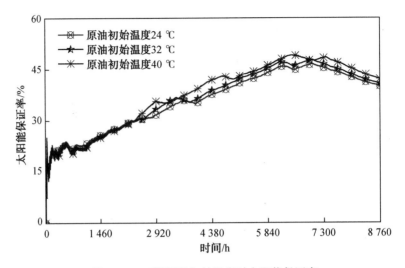

图 5.40　不同原油初始温度时太阳能保证率

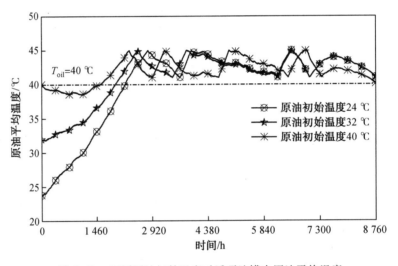

图 5.41　不同原油初始温度时浮顶油罐内原油平均温度

比。由图可知,原油初始温度提升,集热器和相变储热罐年均供热量占比提升,辅助热源年均供热量占比降低。相比于 24 ℃ 原油初始温度时,32 ℃ 和 40 ℃ 原油初始温度时的相变储热罐和集热器年均供热量占比分别增加 0.67%、1.11% 和 0.13%、0.94%,辅助热源年均供热量占比分别降低 0.71% 和 2.05%。其主要原因是该系统优先采用集热器和相变储热罐为原油加热维温。

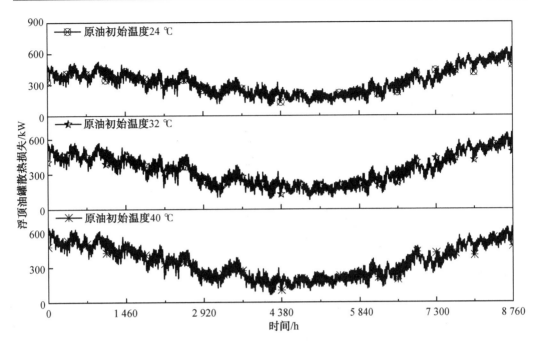

图 5.42 不同原油初始温度时浮顶油罐散热损失

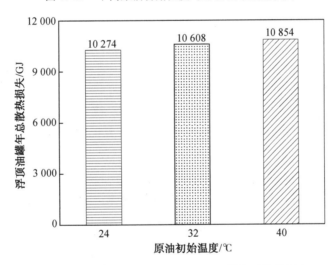

图 5.43 不同原油初始温度时浮顶油罐年总散热损失

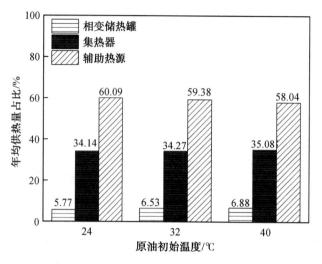

图 5.44　不同原油初始温度时相变储热罐、集热器和辅助热源年均供热量占比

5.5　带生活热水功能的太阳能相变维温系统运行特性及经济效益分析

5.5.1　系统及方案介绍

基于对太阳能原油维温系统的分析,本书提出了一种带生活热水功能的太阳能相变维温系统。以大庆市某大型浮顶油罐为基础,依据 GB 50495—2019《太阳能供热采暖工程技术标准》,GB 50364—2018《民用建筑太阳能热水系统应用技术标准》等相关规范进行太阳能相变维温系统设计。图 5.45 为带生活热水功能的太阳能相变维温系统示意图。

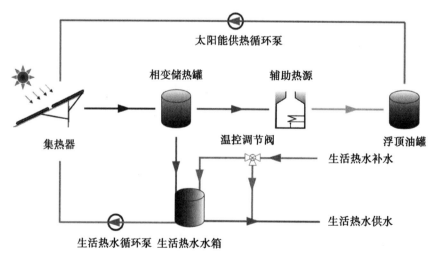

图 5.45　带生活热水功能的太阳能相变维温系统示意图

所设计的太阳能相变维温系统主要分为两大循环部分:太阳能相变维温供热循环和余热回收循环。

太阳能相变维温供热循环作用是为系统末端的浮顶油罐提供热量满足其静储维温热负荷。太阳能相变维温供热循环主要部件包括集热器、相变储热罐、辅助热源、浮顶油罐和太阳能供热循环泵。太阳能相变维温供热循环具体过程是集热器通过吸收的太阳辐射加热从浮顶油罐换热盘管流出的冷传热流体(50％乙二醇溶液),流入相变储热罐,经控制系统判断决定是否进行储热过程,再进入辅助热源后对浮顶油罐中原油进行加热,最后回到集热器进行再次循环。

余热回收循环主要部件包括生活热水水箱、生活热水循环泵和温控调节阀。当浮顶油罐中原油静储热负荷被满足,原油平均温度接近安全温度(取 55 ℃)且相变储热罐满载时,余热用于生活热水生产。该循环在吸收系统余热的同时也将其经济价值具体化,以便于后续计算不同方案的经济效益。

5.5.2　系统仿真平台搭建

太阳能相变维温系统采取集热器吸收太阳辐射加热传热流体将热量输送至浮顶油罐末端的加热方式,该维温系统主要由热源、热网、原油静储末端三大部分构成。通过建立TRNSYS 的系统仿真模型能进一步明确内部不同设备之间的参数关系,图5.46 为本章设计的太阳能相变维温系统 TRNSYS 仿真模型。

具体运行模式有以下 5 种。

模式一:当太阳辐射量使集热器能够收集足够的热量来满足原油静储维温负荷的需求,此时原油静储维温负荷全部由集热器承担,多余的热量被相变储热装置吸收。如果还有更多的热量,通过生活热水系统生产生活热水。

模式二:当太阳辐射较弱或无(夜间或阴雨雪天气),且相变储热罐蓄存的热量能够满足原油静储维温负荷时,关闭集热器,采用相变储热罐供给热量。

模式三:当集热系统不能完全满足原油静储维温负荷,关闭相变储热罐,同时打开辅助热源,以满足原油静储维温的需求。

模式四:当集热器出水温度低于原油凝点温度,且相变储热罐无法满足原油静储维温需求时,完全关闭太阳能维温系统,打开辅助热源。此时原油静储维温负荷全部由辅助热源承担。

模式五:当外界环境温度高于原油凝点温度时,关闭集热系统和辅助热源,在自然条件下静储即可。

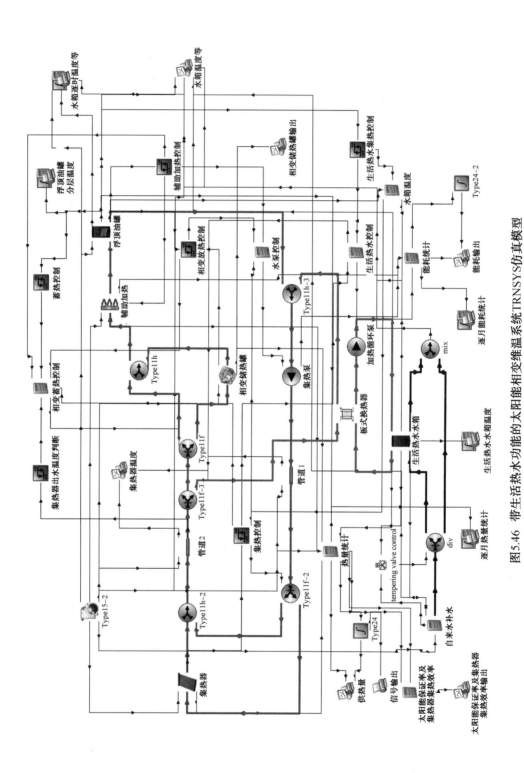

图5.46 带生活热水功能的太阳能相变维温系统TRNSYS仿真模型

5.5.3 生活热水系统分析

随着太阳能保证率增加,集热器集热量不断增大,为了防止相变储热罐和浮顶油罐过热发生安全隐患,本系统增加生活热水系统将余热转化为生活热水,并计算其附产值用于对比不同太阳能保证率下的年均费用。基于给生活热水供热量、生活热水供热量和生活热水平均温度等指标来研究不同太阳能保证率下的生活热水系统运行特性。

图 5.47 所示为不同太阳能保证率下给生活热水供热量、生活热水供热量、生活热水平均温度。由图可知,随着太阳能保证率增加,给生活热水供热量、生活热水供热量和生活热水平均温度增加。如图所示,在太阳能保证率为 25% 和 50% 时,生活热水系统不开启,此时给生活热水供热量、生活热水供热量均为 0,生活热水平均温度均为常温。随着太阳能保证率增加,太阳能相变维温系统的余热逐渐增多,流向生活热水系统,因此给生活热水供热量、生活热水供热量增加,导致生活热水平均温度上升。

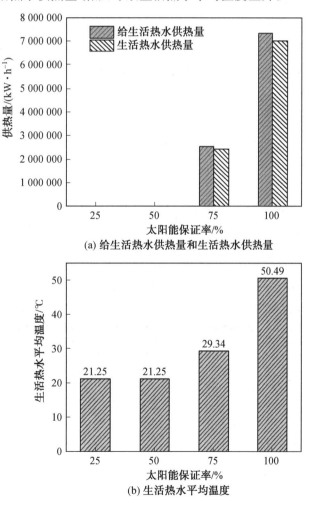

(a) 给生活热水供热量和生活热水供热量

(b) 生活热水平均温度

图 5.47 不同太阳能保证率下给生活热水供热量、生活热水供热量、生活热水平均温度

5.5.4 经济效益分析

1.经济评价模型

为更好地证实该系统在原油维温方面的经济前景,采用全生命周期内所有费用的年均投资进行评估:

$$ACC = C_i \times \frac{(i+1)^n i}{(i+1)^n - 1} + A \tag{5.31}$$

式中 C_i—— 项目初投资费用,元;

i—— 投资贷款的复利率,一般取10%;

n—— 贷款还款年限,一般取供热系统使用年限10年、15年或20年,太阳能供热系统使用年限取15年;

A—— 年运行费用,元。

2.初投资

初投资主要包括设备成本和人工成本两大部分,其中人工成本依据施工公司报价为设备成本10%,本系统所需的设备及材料价格见表5.9。

表5.9 设备及材料价格

设备	价格
板式换热器	1 000 元 /m^2
石蜡	3 000 元 /t
集热器	500 元 /m^2
变频循环水泵	5 000 元
相关阀件	7 600 元

本系统中的相变储热罐和生活热水水箱通过对废弃的小型浮顶油罐改造制成,改造费用为500 元 /m^3,辅助热源的燃气锅炉成本需要依据实际承担负荷进行计算。太阳能相变维温系统和太阳能维温系统初投资成本见表5.10。

表5.10 太阳能相变维温系统和太阳能维温系统初投资成本

项目	太阳能相变维温系统				太阳能维温系统			
太阳能保证率 f	25%	50%	75%	100%	25%	50%	75%	100%
集热器面积 /m^2	2 706.92	5 745.31	9 820.47	16 086.86	2 706.92	5 745.31	9 820.47	16 086.86
相变储热罐体积 /m^3	110.43	110.43	110.43	110.43	—	—	—	—
辅助热源额定功率 /kW	480	150	25	15	540	300	180	120
生活热水水箱体积 /m^3	—	—	392.82	643.47	—	—	392.82	643.47
板式换热器换热面积 /m^2	—	—	34.61	46.15	—	—	34.61	46.15
集热器初投资 /万元	148.8	287.3	491	804.3	148.8	287.3	491	804.3
辅助热源初投资 /万元	41	27	16	12	55	36	30	24

续表5.10

项　目	太阳能相变维温系统				太阳能维温系统			
相变储热罐初投资/万元	31.9	31.9	31.9	31.9	—	—	—	—
生活热水水箱初投资/万元	—	—	19.6	32.2	—	—	19.6	32.2
板式换热器初投资/万元	—	—	3.5	4.6	—	—	3.5	4.6
热水管网、循环水泵、阀门及其施工费用/万元	34	34	36.4	36.4	34	34	36.4	36.4
初投资总费用/万元	255.7	380.2	570.4	921.4	237.8	357.3	580.5	901.5

3. 运行成本

运行成本主要包括水泵电机运转费用和辅助热源的燃气费用。依据 2021 年大庆市工业用天然气价格（3.46元/m³）和工业用电价格（0.74元/(kW·h)）计算太阳能相变维温系统和太阳能维温系统运行成本，见表5.11。

表 5.11　太阳能相变维温系统和太阳能维温系统运行成本

项目	太阳能相变维温系统				太阳能维温系统			
太阳能保证率 f	25%	50%	75%	100%	25%	50%	75%	100%
辅助热源年均耗气量/m³	173 060.7	48 839.8	8 470.7	4 894.2	20 733.3	5 108 047.7	69 377.6	44 704.3
循环水泵年均耗电量/(kW·h)	122 564.6	300 041.3	474 731.2	642 160.9	122 564.6	300 041.3	474 731.2	642 160.9
辅助热源年运行成本/万元	59.9	16.9	2.9	1.7	71.8	37.4	24	15.5
循环水泵年运行成本/万元	9.7	22.2	35.1	50.7	9.7	22.2	35.1	50.7
生活热水抵扣成本/万元	—	—	16.3	46.9	—	—	16.3	46.9
总年运行成本/万元	69	39.1	21.7	5.5	81.5	59.6	42.8	19.3

4. 年均总投资费用

为体现太阳能相变维温系统良好的经济效益，将燃气加热系统作为对比样本，燃气加热系统年均总投资费用见表 5.12。

表 5.12　燃气加热系统年均总投资费用

项目	费用 / 万元
燃气锅炉及其安装	62
循环水泵	0.5
阀门及其管网	34
年运行成本(原油平均温度维持 35 ℃)	131.9
年均总投资费用	228.4

图 5.48 所示为不同太阳能保证率时太阳能相变维温系统和太阳能维温系统的年均总投资费用。由图可知,随着太阳能保证率的增加,两种系统的年均初投资费用均上升,年均运行成本均降低,导致年均总投资费用呈现先降低后增加的变化趋势,在太阳能保证率为 50% 时年均总投资费用最低。太阳能相变维温系统相比于无相变储热罐的太阳能维温系统年均总投资费用更低,且在太阳能保证率为 50% 和 75% 时年均总投资费用减少率更高。当太阳能保证率为 25%、50%、75% 和 100% 时,太阳能相变维温系统相比于太阳能维温系统年均总投资费用分别减少 9.00%、16.41%、18.83% 以及 8.11%。由表 5.10 和表 5.12 可知,太阳能相变维温系统和太阳能维温系统年均总投资费用均未超过燃气加热系统。相变储热罐和太阳能保证率对太阳能维温系统经济效益具有重要影响,表现为太阳能保证率过小则年均运行成本增加,太阳能保证率过高则初投资上升,当太阳能保证率为 50% 时,太阳能相变维温系统经济效益最高,相比于燃气加热系统年均总投资费用可节省 139.3 万元,约 61%。

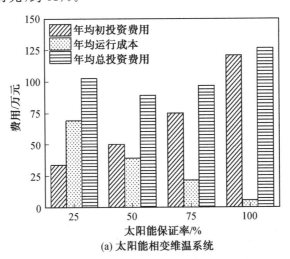

图 5.48　不同太阳能保证率时太阳能相变维温系统和太阳能维温系统的年均总投资费用

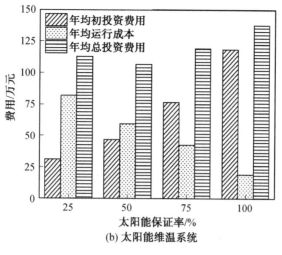

(b) 太阳能维温系统

续图 5.48

第6章 光热清洁替代技术研究与工程设计

油田终端用热占比大,清洁热力替代需求大。若想降低油田业务总能耗、减少油田温室气体排放量,清洁热能替代是油田绿色低碳转型发展的突破点。以热替热是当前油田热能替代的主要途径之一。太阳能资源易得且取之不尽,中低温光热供热温度与稀油油田生产用热需求基本吻合,是各大油田清洁替代的主攻方向。本书第 2~5 章从单体到系统递进式开展了关键技术体系研究,基于研究成果创新应用,开展油田光热清洁替代技术工程设计,可助力解决当前制约稀油油田低温光热利用的技术瓶颈问题,为该技术工程实用化提供支撑。

6.1 概　　述

6.1.1 工程地点选择

大庆油田某热水站,用于为油井作业、加药、洗井及集油环热洗等提供热含油污水。该热水站外西侧、南侧存在充足可利用闲置土地,且该区域年总太阳法向直接辐射量为 1 755 kW·h/m²,具备新建太阳能集热场的条件。图 6.1 为热水站工艺流程示意图。

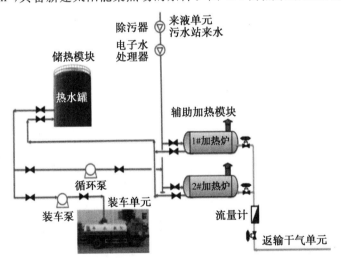

图 6.1　热水站工艺流程示意图

6.1.2　工程内容

1. 集热技术可行性对比研究

主要开展不同光热集热技术特点及适用性比对分析,高纬度地区、高寒地带应用环境下不同应用规模推荐技术,不同集热技术与储热系统、换热系统配套技术研究。

2. 油田已建容器显热与相变储热体潜热耦合储热技术可行性研究与试验

主要开展满足用热需求、适于油田生产介质的高效储热单元研究,针对用热需求、生产介质情况,筛选高效储热介质,开展高效储热单元研究。

3. "光热＋燃气"多能互补协同优化技术研究与试验

主要开展光热与燃气供热协调互补日前预测、日内动态调控模拟、优化方案及控制策略研究。

4. "光热＋燃气"集中联合供热工业化试验

开展热水站"光热＋燃气"集中联合供热工业化试验,验证中低温光热集热技术、已建容器显热与相变储热体潜热耦合储热技术、多能互补协同优化技术,探索油田站场"光热＋燃气"集中联合供热模式,为油田中低温光热工业化推广奠定基础。

6.1.3　改造原则

热水站光热利用改造应充分利用热水站已建的生产设备设施,尽量节省投资;实现每日供水侧、用水侧、供能侧、用能侧闭环,与现有工艺流程良好衔接,便于站场长期平稳运行,满足安全生产要求;综合考虑经济性,最大化地利用光热资源,最大限度地节能降耗。

6.2　热水站光热利用可行性分析

1. 热水站周边环境

热水站北侧、东侧均为已建站场,西侧、南侧存在属于站场外闲置局内地的可利用闲置土地,场地地形较为平整,南侧场地地势较为低洼,整体地貌类型较单一。

2. 热水站运行模式

热水站运行模式主要是白天供给热水用于洗井作业,夜间储存来水,文火维温。

3. 热水站设备工艺

热水站设备工艺主要为燃气加热炉加热污水站来水,加热后的污水储存于热水罐中,经装车泵将罐内热水输至热水车后拉运至井口进行洗井作业。

4. 热水站能耗现状

热水站生产能耗主要为循环泵、装车泵等耗电和燃气加热炉耗气。供气源为各集气站返输干气;供电源来自附近井排线路,目前建有较为完善的电力设施和电力线路,考虑到热水站生产需要保证供电的稳定性,暂不考虑电能替代。

5. 太阳能供热特点

太阳能供热系统具有不稳定性和不连续性特点,因此需选用储能和辅助热源相结合的太阳能供热系统。根据 GB 29158—2012《带辅助能源的太阳能热水系统(储水箱容积大于 $0.6\ m^3$)技术规范》定义,带辅助热源的太阳能热水系统是指联合使用太阳能和辅助热源,不单依赖于太阳能而提供所需热水的系统。

6. 小结

从周边环境来看,热水站西侧、南侧存在可利用闲置土地,具备新建太阳能集热场的条件;从运行模式来看,热水站运行时间节点均为白天,与光照时间节点高度契合;从能源替代来看,热水站主要能耗为燃气加热炉耗气,存在可替代能源;从辅助热源来看,热水站存在已建燃气加热炉可作为辅助热源;从储放热设备来看,热水站存在已建热水罐可作为热能存储设备。

综合上述因素,可在热水站开展太阳能供热工艺替代站内燃气加热炉供热可行性研究,以提高经济效益为目标,采用先进、成熟、可靠的光热利用技术,较大程度减少站场天然气消耗,达到站场节能降耗、减碳排放的目的。

6.3　热水站及上游污水站建设现状

6.3.1 热水站建设现状

1. 地质条件及空气质量

(1)工程所在区域的地质条件。

① 由于拟建场地位于芦苇地,局部低洼有积水,冬季水面冰冻,应考虑冻胀力、切胀力对基础承载力和稳定性的影响,设计时应验算其抗冻拔稳定性。

② 该场区抗震设防烈度为 6 度,设计基本地震加速度值为 $0.05g$,设计地震分组为第一组,特征周期值为 $0.45\ s$。

③ 地下水和地基土对混凝土及钢筋混凝土结构中的钢筋具有微腐蚀性,对钢结构具有弱腐蚀性。

④ 局部低洼积水场地为受地表水影响场地,地基土冻胀性分类综合评价冻胀类别:有水塘及地表水分布的地段为特强冻胀,冻胀等级为 Ⅴ 级;地表没有地表水分布的地段为冻胀,冻胀等级为 Ⅲ 级。

⑤ 本地区土壤电阻率为 $50 \sim 60\ \Omega \cdot m$。

(2)厂址所在地空气质量情况。

厂址所在地空气质量优良天数为 347 天,环境空气质量优良率为 95.1%,$PM_{2.5}$ 年平均浓度为 $26\ \mu g/m^3$,空气质量优。

2.地面建设现状

（1）建设概况。

① 概况。

热水站（图 6.2）于 2010 年 6 月投产运行,主要供给第二作业区油井作业、洗井、压裂和卸油用水。来水水源为污水站滤后污水,管辖井数 977 口。平均拉运距离 3 km,最远拉运距离 6.7 km。

图 6.2　热水站

② 设备现状。

热水站设有 2 台 1.4 MW 加热炉、1 座 200 m³ 卧式热水罐和 1 座装车泵房。加热炉燃料为天然气,24 h 连续运行。加热炉生产的热水储存在热水罐内,热水罐内的热水通过装车泵定时装车外运。装车泵房为砖混房,泵房内设有 2 台装车泵（流量 $Q=150$ m³/h,扬程 $H=18$ m）和 2 台循环泵（$Q=60$ m³/h,$H=35$ m）。热水站主要设备情况见表 6.1。

表 6.1　热水站主要设备情况

站名	设备	规格	备注
热水站	1♯ 装车泵	$Q=150$ m³/h,$H=18$ m	$P=11$ kW
	2♯ 装车泵	$Q=150$ m³/h,$H=18$ m	$P=11$ kW
	1♯ 循环泵	$Q=60$ m³/h,$H=35$ m	$P=7.5$ kW
	2♯ 循环泵	$Q=60$ m³/h,$H=35$ m	$P=7.5$ kW
	1♯ 加热炉	1.4 MW	2010.6.20 投产
	2♯ 加热炉	1.4 MW	2010.6.20 投产
	热水罐	200 m³	

注:P 为额定功率。

（2）运行模式。

热水站节假日正常运行,每天运行时间为早 8 点至下午 4 点,共计 8 h,日平均装车数 20 台,热水罐车容量 15 t,装车时间 8 min,来水温度 32 ～ 35 ℃,装车温度 80 ℃,见表 6.2,年运行 365 天,采用热洗井排班方式。

表 6.2　热水站运行情况

站名	来水温度 /℃	装车温度 /℃	加热炉运行 时间 /h	热水罐车容量 /t	日平均装车数 / 台
热水站	32～35	80	24	15	20

（3）用水量、用热量。

根据热水站生产数据，2020—2021 年每月用水量及运行参数见表 6.3。热水站设计规模按 300 m^3/d 考虑，32～35 ℃来水经集热器加热至 82 ℃后直接进入热水罐储存。夏季计算时间为 4 月 1 日至 10 月 31 日，其他时间为冬季。

表 6.3　热水站 2020—2021 年每月用水量及运行参数

月份	日均水量 /($m^3 \cdot d^{-1}$)	进水温度 /℃	出水温度 /℃	温升 /℃	入口焓值 /($kJ \cdot kg^{-1}$)	出口焓值 /($kJ \cdot kg^{-1}$)	供热量 /MJ
1 月	280	32	82	48	133.76	334.40	56 179.2
2 月	300	32	82	48	133.76	334.40	60 192.0
3 月	310	32	82	48	133.76	334.40	62 198.4
4 月	270	35	82	45	133.76	334.40	54 172.8
5 月	320	35	82	45	146.30	334.40	60 192.0
6 月	280	35	82	45	146.30	334.40	52 668.0
7 月	290	35	82	45	146.30	334.40	54 549.0
8 月	310	35	82	45	146.30	334.40	58 311.0
9 月	330	35	82	45	146.30	334.40	62 073.0
10 月	320	35	82	45	146.30	334.40	60 192.0
11 月	280	32	82	48	133.76	334.40	56 179.2
12 月	290	32	82	48	133.76	334.40	58 185.6
平均	300	33.75	82	46.25	140.00	334.40	57 924

6.3.2　污水站建设现状

1. 概述

污水站为热水站提供滤后污水，为其上游站场，于 1975 年投产，历经 1981 年扩建和 1991 年、1999 年大修，2004 年又在原站址重建，设计能力 20 000 m^3/d，目前该站实际处理量 12 000 m^3/d，负荷率 60%。

2. 工艺流程

污水站采用一级沉降，一级核桃壳压力式过滤流程，具体如图 6.3 所示。

3. 设备规格

（1）外输泵规格：$Q = 420$ m^3/h，$H = 65$ m，$P = 132$ kW。

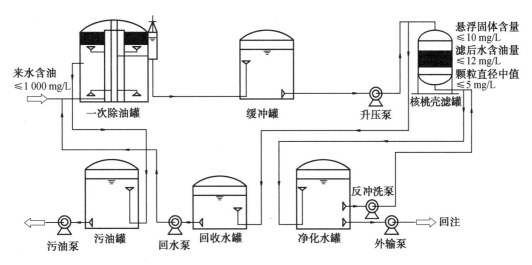

图 6.3 污水站工艺流程示意图

（2）外输至热水站污水管道规格：DN150，长度 350 m。

4.外输污水水质

（1）外输压力：≤0.6 MPa。

（2）外输污水至热水站流量：20 m³/h。

（3）外输温度：32 ℃。

（4）水中含油量：≤20 mg/L。

（5）悬浮固体含量：≤20 mg/L。

（6）悬浮物颗粒直径中值：≤5.0 μm。

6.4 技 术 路 线

现有燃气加热炉设计出口水温为 80 ℃，效率为 80%。技术路线按照太阳能与辅助热源（本方案辅助热源为燃气加热炉）联合加热的方式，可分为混合加热（并联加热）、分级加热（串联加热）2 种。

1.混合加热（并联加热）

如图 6.4 所示。太阳能和燃气加热炉两个系统共同对来水进行加热，但两个系统加

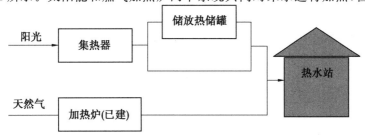

图 6.4 混合加热（并联加热）技术路线

热温度不同,因此两个系统相互影响。太阳能系统输出温度深受天气影响,随着天气变化而变化,燃气加热炉作为辅助热源,输出温度稳定。太阳能系统的循环液量随着天气变化而变化,光照充足时,可适当增大液量,光照条件欠佳时,应减小循环液量。燃气加热炉系统根据热水罐内温度变化,及时调整供液量大小,两个系统热水在热水罐内混合,保证热水装车温度不低于 80 ℃。

2.分级加热(串联加热)

导热介质先由太阳能系统加热,然后与污水换热,当光照充足时,太阳能系统循环导热介质流量增大,光照条件欠佳时,流量减小,保证循环系统换热温度。当太阳能系统不能满足换热需求,热水罐出水温度无法达到 80 ℃ 时,燃气加热炉开启,进一步提升介质温度,直至满足加热需求,如图 6.5 所示。

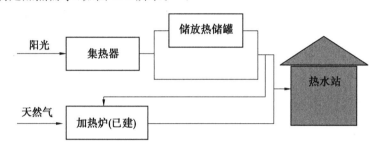

图 6.5 分级加热(串联加热)技术路线

3.对比分析

经分析,混合加热稳定性低于分级加热,加热炉实时调节实现难度较大,无法随时满足装车温度的需要,存在冬季管道冻堵风险,因此本工程光热利用工艺流程推荐选用分级加热(串联加热),技术路线优缺点对比见表 6.4。

表 6.4 技术路线优缺点对比

	混合加热	分级加热
优点	太阳能系统控制模式相对简单,供热相对稳定	太阳能系统和燃气加热炉能够互不影响单独运行,提供加热所需热量
缺点	燃气加热炉需具备实时连续调节功能,流量调控难度较大,冬季管道易发生冻堵,且由于两个系统供热温度不同,热水罐内温度调节会有一定滞后性,无法随时满足装车温度需要	需满足太阳能控制系统实时流量调节
推荐	否	是

6.5　光热利用适应性分析

6.5.1　用水、供水侧分析

1. 用水侧

用水量 230 ~ 310 m³/d。一般用于油井热洗和作业洗井。

油井热洗：平均一天热洗 4 ~ 5 口井，需约 10 ~ 12 台罐车拉运，合计用水量 160 ~ 180 m³/d。

作业洗井、管道清蜡等其他作业：每日用水量依据现场实际需要，按调度安排，一般日用水量约为 70 ~ 130 m³/d。

热水站早上 8 点至 10 点为用水高峰期，平均时段用水量为 60 m³/h，用水量约 200 m³；下午 1 点至 4 点为用水低谷期，平均时段用水量为 30 m³/h，用水量约 100 m³。

当前热水站用水能力为 230 ~ 310 m³/d。

2. 供水侧

污水站为热水站提供滤后污水，根据现场核实，外输污水至热水站流量约为 25 m³/h；当前污水站供水能力为 600 m³/d，能够满足每日用水量的需求。

6.5.2　用能、供能侧分析

1. 用能侧

当前每月供热量见表 6.3。

2. 供能侧

当前储能设施为 200 m³ 已建热水罐，仅能满足上午用水量的需求，需额外补水加热供给下午用水量的需求。考虑到污水站供水能力为 25 m³/h，需约 4 h 补足额外用水，故需从早 8 点之前开始加热补水。需 1.395 6 MW 功率的加热炉。站内建有 2 台 1.4 MW 加热炉。故能满足现有工艺需求。

6.5.3　储放热模块分析

1. 热水罐散热分析

热水站已建热水罐 200 m³，外形尺寸 7 000 mm×6 000 mm，热水罐温度 80/60 ℃，大庆地区日照充盈，散热量按年平均气温 10 ℃ 计，则其散热量为

$$Q_散 = K_散 S_散 (T_1 - T_2) \tag{6.1}$$

式中　$Q_散$ —— 热水罐散热量，kW；

　　　$K_散$ —— 热水罐保温后的散热系数，1.0 kcal/(m²·℃)；

　　　$S_散$ —— 热水罐散热面积，m²；

　　　T_1 —— 热水罐热水的平均温度，82 ℃；

T_2—— 热水罐年平均环境温度,4.2 ℃。

则可计算出散热量为 $Q_{散} = K_{散} S_{散} (T_1 - T_2) = 1.0 \text{ kcal/m}^2 \cdot ℃ \times 208.81 \text{ m}^2 \times 70 ℃ = 18.89 \text{ kW}$。

热水罐储水时间按 16 h 计,200 m³ 热水罐的温降约为 1.3 ℃。热水站热水出站要求 80 ℃,经核算,热水罐能够满足光热系统的储放热要求。

2. 热水罐规模分析

光热改造后,应综合考虑到光热利用的时节性,为尽可能替代燃气加热,最大化利用光热资源。根据大庆地区日照小时数统计(表 6.5),大庆地区全年日照小时数为 2 791 h,平均每天 7.7 h,每日用水量的加热应满足白天光照条件良好时尽可能利用光热加热。白天供水能力仅有约 200 m³。若不扩建储能设施,将大大降低光热设备的利用率。储能规模不足将导致光热集热系统弃热比例大幅升高,本次改造应额外建设 1 座热水罐。改造后有 2 座热水罐,1 座用于拉运装车,1 座用于来液缓存,解决因供水能力不足,光热使用率大大降低的问题。

表 6.5　大庆地区日照小时数统计

月份	1	2	3	4	5	6	全年日照
日照小时数 /h	178.9	203.1	243.8	241.5	259.5	271.9	小时数
月份	7	8	9	10	11	12	2 791
日照小时数 /h	276.9	253.6	243	232.8	208	178.5	

6.6　光热利用改造工艺流程及规模确定

6.6.1　工艺流程

1. 间接换热工艺

因热水站被加热介质为污水站滤后污水,为防止太阳能系统结垢堵塞,影响集热器换热效率和使用寿命,本工程光热利用需采用间接换热的模式,即太阳辐射能通过集热系统循环导热介质转换为热能,与滤后污水通过换热器实现热交换,将热量传递给污水,使其升温加热。

2. 主要工艺流程

夜间或光照条件不好时,污水经除污处理后可存于缓存罐中,当光照充足时,导热介质先由太阳能系统加热,然后与污水(缓存罐内、污水站来液)换热,太阳能系统循环导热介质流量增大,光照条件欠佳时,流量减小,保证循环系统换热温度。当太阳能系统不能满足换热需求,即出水温度无法达到 80 ℃ 时,燃气加热炉开启,进一步提高介质温度,直至满足加热需求。热水站光热改造后工艺流程如图 6.6 所示。

（1）污水系统。

光热循环热媒介质 ————————————— 循环泵 ◄———

来液单元 → 除污器 → 电子水处理器 → 换热器 → 加热炉（辅助）→ 储放热模块 → 装车泵 → 装车单元

（2）天然气系统。

干气站来气 → 调节阀 → 流量计 → 加热炉

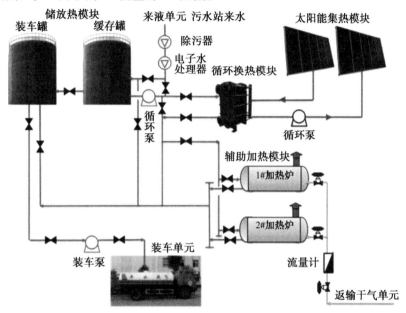

图 6.6　热水站光热改造后工艺流程

6.6.2　运行方式及储放热规模

（1）早 8 点拉运前：利用太阳能集热器或太阳能集热器＋加热炉将热水罐装满 80 ℃、200 m³ 热水，200 m³ 缓存罐热水温度 55 ℃。

（2）早 8 点至下午 4 点拉运过程：先从热水罐 200 m³ 取水满足上午拉运需要，同时利用太阳能或太阳能＋加热炉将缓存罐中 53 ℃ 热水（夜间散热 2 ℃）升温加热到 82 ℃ 后补充到热水罐中，多余热水存入缓存罐；供水管线流量约为 25 m³/h，从早上 8 点到下午 4 点，8 h 补充 200 m³。优先满足热水罐拉运需要，多余热水存入缓存罐。用水量：白天用去 300 m³，剩余 100 m³，外加补水 200 m³，截至下午 4 点两个大罐剩余 300 m³。

（3）下午 4 点至第二天早 8 点：缓存罐补水 100 m³，内部 100 m³ 已有 80 ℃ 热水与 100 m³ 的 32 ℃ 补水混合后，缓存罐内存 200 m³ 的 56 ℃ 热水。200 m³ 热水罐中 82 ℃ 的水散热至 80 ℃，200 m³ 缓存罐中 56 ℃ 的水散热至 55 ℃。

小结：热水站光热改造后储放热规模为 400 m³，可实现热水站每日闭环运行。

6.6.3　光热规模

1.光热改造前用热量计算

将 300 m³ 污水站来污水温度由 32 ℃ 加热至 82 ℃。

2.光热改造后用热量计算

(1) 将 200 m³ 缓存罐中的热水温度由 55 ℃ 加热至 80 ℃。

(2) 将 200 m³ 白天污水站来污水温度由 32 ℃ 加热至 82 ℃。

$$Q_{散} = Q_1 + Q_2 = Q_{原} \tag{6.2}$$

3.光热规模确定

光热改造前后站场总用热量不变,热水站白天加热热水时间按 8 h 考虑,热水站平均加热负荷为 2.19 MW。站场年需求总热值约为 24 282.72 GJ。根据《油气田企业新能源系统能效测试和计算方法》10.0 节评价指标和太阳能光热系统节能测试评价指标,太阳能光热系统效率(太阳能光热系统有效输出的热量与系统总能耗之比)节能评价值为 55%,本工程光热系统年供热值应为 13 200 GJ。

6.7　光热利用设计方案

6.7.1　光热技术对比

光热技术对比见表 6.6。

表 6.6　光热技术对比

项　目	菲涅尔聚光技术	平板型太阳能集热器技术
太阳辐射是否改变方向	聚光型(线性)反射光原理	辐射吸热
太阳追踪方式 太阳高度角与方位角	单轴追踪,全机械跟踪驱动装置,跟踪系统不是液压系统,开放式机械齿轮结构	固定窗 安装角度 42 度,方位角 0
集热系统换热方式	间接	间接
太阳能集热器循环介质	导热油	导热油
循环介质的选择	因为是反射光原理镜面,镜面不会出现冻胀现象,低温小流量时循环启动,防止集热管路冻堵	因为是辐射吸热,为防止平板集热器内管道冻胀和无光时散热,采用导热油做循环介质防止集热器和管路冻堵
清洁设施	镜面配全自动干式清扫设备	镀膜
场地要求	整体平整,平整度高于 0.5%	整体平整
温度要求	中温光热	低温光热

续表6.6

项　　目	菲涅尔聚光技术	平板型太阳能集热器技术
循环介质输出温度	90～160 ℃	90～160 ℃
集热场面积 /m²	6 000	4 568
占地面积 /m²	14 332	9 200
替代得热量 /(GJ·a⁻¹)	13 200	13 200
替代燃气量 /m³	51.09×10⁴	51.09×10⁴
光热替代率 /%	54.36	54.36
设备费用 / 万元	567(含基础)	800
土地费用 / 万元	13	4
工程建设投资	795.24	1 418.0
投资及费用现值 / 万元	267.5	1 403.5

综合考虑光热替代率与投资及费用现值,选用菲涅尔聚光技术。

6.7.2　集热功率、年集热量

1. 集热功率

菲涅尔聚光系统太阳能镜场得热功率为

$$P = \text{DNI}/1\,000 S\eta \tag{6.3}$$

式中　　P—— 太阳能镜场得热功率,W;

　　　　DNI—— 太阳能直射辐射量,W/m²;

　　　　S—— 太阳峰值功率时的镜场面积,m²;

　　　　η—— 太阳能镜场光热转化效率(不含散热防冻损失、输送损失、储放热散热损失)。

根据至少一年的逐分钟 DNI 气象数据。光热系统峰值功率(峰值太阳能镜场光热转化效率为64.82%)出现于 8 月 27 日 12 时,此时 $P = 928$ W/m² $\div 1\,000 \times 6\,000$ m² $\times 0.648\,2 = 3\,609$ kW。 年平均功率(年平均太阳能镜场光热转化效率 40.36%)为 527 W/m² $\div 1\,000 \times 6\,000$ m² $\times 0.403\,6 = 1\,276$ kW。

2. 年集热量

菲涅尔聚光系统年集热量见表 6.7。

表 6.7　菲涅尔聚光系统年集热量

参数	单位	数值
镜场面积	m²	6 000
储放热容量	MW·h	21.8
储放热体积	m³	400
储放热小时数	h	14

续表6.7

参数	单位	数值
光热供热热值	MW·h/a	3 666.48
弃热热值	MW·h/a	17.96
外网补热值	MW·h/a	3 078.71
需热值	MW·h/a	6 745.20
供热比例	%	55
镜场弃热比例(弃热热值/镜场总得热热值)	%	0.49
供热时长	h	4 544
光热年省天然气(天然气热值32.29 MJ/m³,锅炉效率取0.8)	m³	510 968.54
年减排 CO_2	t	1 786.89

菲涅尔聚光系统逐月集热量见表6.8。

表 6.8　菲涅尔聚光系统逐月集热量

月份	镜场有效得热 /GJ	镜场弃热 /GJ	用户需热 /GJ	光热供热 /GJ	光热供热比例 /%
1 月	752.75	0	2 062.37	752.75	36.50
2 月	1 217.11	0.715	1 862.78	1 216.395	65.30
3 月	1 618.03	8.09	2 062.37	1 609.94	78.06
4 月	1 344.59	6.271	1 995.84	1 338.319	67.06
5 月	1 335	15.799	2 062.37	1 319.201	63.97
6 月	1 059.1	5.774	1 995.84	1 053.326	52.78
7 月	898.29	6.812	2 062.37	891.478	43.23
8 月	1 027.19	7.935	2 062.37	1 019.255	49.42
9 月	1 245.38	11.681	1 995.84	1 233.699	61.81
10 月	1 033.02	0.902	2 062.37	1 032.118	50.05
11 月	1 094.57	0	1 995.84	1 094.57	54.84
12 月	609.52	0	2 062.37	609.52	29.55
合计	13 264.01	64.67	24 282.72	13 199.34	54.36

6.7.3　辅助设备工艺比选

1.循环热媒介质比选

(1)热媒介质特性要求。

针对本工程,理想的热媒介质应具有以下特征。

① 良好的低温、高温性能,能适应各站自然条件及工艺运行要求。在系统正常工作

条件下,热媒介质的凝固点应低于环境的最低温度,沸点越高越好,最低不能低于系统可能达到的最高温度。

② 密度小。当流量一定时,输送热媒介质消耗的能量与热媒的密度成正比,热媒介质比重越小,则输送热媒介质所消耗的能量越小。

③ 比热容高。为了减小输送热媒介质所需要的流量,热媒介质应有较高的比热容,以减少输送能量的损失。

④ 良好的稳定性。热媒介质应具有稳定的化学性能,不易分解,不易与空气发生反应,无毒、无刺激。

⑤ 不腐蚀设备、管道及其附件,成本低。

(2) 热媒介质评价选择。

太阳能系统采用的循环热媒介质主要有:导热油、熔盐、水 / 蒸汽、乙二醇等,各类热媒介质性能见表 6.9。

表 6.9　　各类热媒介质性能

热媒	凝固点 /℃	沸点 /℃	加热介质 温度 /℃	密度 / (kg·m⁻³)	比热容 / (kJ·kg⁻¹·℃⁻¹)	导热系数 / (W·m⁻¹·K⁻¹)	动力黏度 / (m·Pa⁻¹·s⁻¹)
导热油	/	/	130～350	783	2.366	0.113	1.31
熔盐	140	680	140～540	1 880	0.34	0.317	—
水	0	100	40～80	1 000	4.187	0.61	0.8
蒸汽	/	/	100～180	0.6	2.08	0.025	0.012
乙二醇	－40	160	－25～100	960	2.931	0.336	3.87

① 导热油具有抗热裂化和化学氧化的性能,传热效率高,散热快,热稳定性好。在低压条件下即可获得很高的操作温度,因此可以大大降低高温加热系统的操作压力和安全要求,有助于提高系统和设备的可靠性及稳定性。

② 熔盐热传体系作为新一代技术,具有额定运行温度高、原料成本相对较低、热传热储简单一体化等优势,但因其存在凝固点较高、保温防冻能耗过高、有腐蚀性、专用设备选择较少且价格高、有泄漏风险、维修时间长、设计使用规范少、消防安全管理压力大等诸多问题,且目前实际运行经验较少,因此安全经济运行难度较大。

③ 水 / 蒸汽作为导热介质,技术成熟、易获取、安全性高,可以利用的温度梯度差大,光热转换效率高于熔盐和导热油。考虑到工程项目位于寒冷地区,冬季最低温度达到－40 ℃,为防止出现管道冻堵、设备冻裂的情况,可低温小流量打循环。

④ 乙二醇凝固点为 －40 ℃,沸点为 160 ℃,具有很好的稳定性,且不具有挥发性,热媒介质损耗小,与其他热媒介质相比,具有密度小、比热容高、导热系数高的特点,同时具有良好的低温防冻性能。

(3) 小结。

通过对各类热媒介质特性比选,为适应环境温度,冬季用热媒介质需适应站场工艺,保证低压下的传热温度及热稳定性,本工程采用导热油为循环热媒介质。

2. 换热器比选

（1）换热器参数。

冷液进口温度 32 ℃，出口温度 80 ℃，热媒介质进口温度 200 ～ 300 ℃，出口温度 37 ℃。换热器面积 72.5 m²。热侧压力损失 54 kPa，冷侧压力损失 78 kPa。

（2）换热器比选。

换热器比选原则：承压高，阻力小，压降低，换热效率高，耐腐蚀，不易结垢，清理方便，严密性好。

① 板式换热器。

板式换热器以波纹板紧密组合成有较大表面积与体积之比的紧凑结构，两侧流体均有极高的传热系数，湍流程度高，无死区。板式换热器具有传热效率高、端部传热温差小、占地面积小等优点。

② 管壳式换热器。

管壳式换热器在工艺介质换热系统上应用广泛，结构简单、严密性好，安全可靠，使用寿命长；但换热系数小，端部传热温差要求大（至少 5 ～ 10 ℃），占地面积大，管程检修除垢不便，造价稍高。

③ 螺旋板换热器。

螺旋板换热器换热系数较高，端部传热温差要求小，占地面积小，造价较低；但清洗困难，若内螺旋板破裂，整台设备报废，生产运行维护不便，本工程不予考虑。表 6.10 为换热器特性比较。

表 6.10　换热器特性比较

	管壳式换热器	板式换热器
优点	结构简单、严密性好，安全可靠，使用寿命长，管束可清洗，适用于压力大、温度高的场合	单位体积传热面积大，结构紧凑，两侧流体均有极高的传热系数，湍流程度高、无死区，适用于介质清洁的场合
换热系数	小	大
占地面积	大	小
投资	稍高	低
缺点	成本较高、占地面积大	间距狭小，不易清洗，承压普遍较低，不适宜温度高、压力高的场合
是否推荐	否	是

（3）小结。

热水站用换热器介质为滤后污水，采用低温加热。考虑管道设计压力低，介质较为清洁，在相同压力损失情况下，板式换热器传热系数比管壳式换热器高 3 ～ 5 倍，占地面积为管壳式换热器的 1/3。本工程推荐选用板式换热器。

6.8　联合供热协同优化

6.8.1　联合供热协同优化系统简介

1.建设需求

平台系统综合考虑生产用热工艺,构建涵盖太阳能保证率、供热量、需热量、碳排放量在内的联合供热数学模型,实现"光热 ＋ 燃气"联合供热系统"数据采集 ＋ 数学处理 ＋ 数据输出"。

2.平台功能简介

平台依托系统的光热及天然气供热生产数据,利用"光热 ＋ 燃气"联合供热数学模型建立了联合供热管控平台,对比分析集热、换热、辅热等环节实际生产情况与理论设计参数差异,指出优化方向,预测优化提升空间,实现系统效能优化、运行优化、管理优化、经济优化。

(1)基础功能。

基础平台向各类应用提供支持和服务,其具有标准、开放、可靠、安全的技术特征,达到国产、先进、适应性强的技术要求。平台遵循 DL/T 890.403—2012《能量管理系统应用程序接口(EMS－API)第 403 部分:通用数据访问》、DL/T 860.81—2016《电力自动化通信网络和系统 第 8－1 部分:特定通信服务映射(SCSM)－映射到 MMS(ISO 9506－1 和 ISO 9506－2)及 ISO/IEC 8802－3》、DL/T 1108—2009《电力工程项目编号及产品文件管理规定》等标准要求,基础平台包含硬件、操作系统、数据管理、信息传输与交换、公共服务和平台功能 6 个部分,采用面向服务的体系架构。联合供热管控平台功能框图如图 6.7 所示。

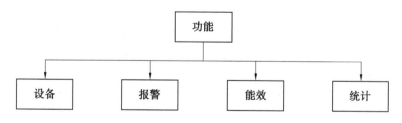

图 6.7　联合供热管控平台功能框图

(2)运行实时监控功能。

该功能能够实现对输电网实时运行状态的监视和设备控制,主要包括数据处理、系统监视、数据记录及操作控制等。数据包含压力、温度、液位、能流、太阳辐照及其他数据,压力数据包含集热系统定压压力、燃气压力、加热炉进出液压力、换热器进出液压力等;温度数据包含集热器出口温度、集热循环温度、热水罐温度、换热器进出液温度、加热炉进出液温度等;液位数据包含热水罐液位等;能流数据包含光热换热循环流量、外输液量、燃气量、用水量、耗电量等;太阳辐照数据包含总辐射量、倾斜面辐射量、环境温度、环境风速等;其他数据包含用电设备开启时间、峰谷电价、气价、碳价等。

（3）集中监控功能。

联合供热管控平台集中监控功能能够实现无人值班和集中监视与控制。其主要功能包括:设备数据监控、数据处理、权限管理、任区与信息分流、间隔建模与显示、光字牌功能、操作与控制、防误闭锁、操作预案、告警服务等。

（4）运行分析与评价功能。

运行分析与评价功能模块利用实时监控与预警类各应用的输出结果,对用热系统的安全水平、经济运行水平、计划执行情况及技术支持系统的运行情况进行统计分析,为调度运行值班人员及时掌握用热情况、技术支持系统的运行情况及后续分析提供支持,实现对热能系统运行的动态化运行评估。

（5）能效优化功能。

该功能通过温度监控模块对光热、储放热、燃气加热锅炉的配置进行优化运算,提出运行方案,并依据此方案进行调控,以实现联合供热的协调优化。

（6）统计分析功能。

该功能包含状态估计、调度员潮流、静态安全分析、灵敏度计算等功能。

6.8.2 多能系统控制目标

依托油田已建相关统建系统基础数据和生产数据,构建多能源拓扑关系,实现天然气、光热运行的可视化管理、实时运行监控、自动统计分析,通过对能耗数据的趋势预测和波动异常诊断等,实现实时报警和超前预警;对联合供热协同优化模块进行功能集成,生成"光热＋燃气"协同优化方案,实现能耗监控、报警预警、能效优化、统计考核等功能,为油气田生产提供决策依据。图 6.8 为管理平台结构框图。

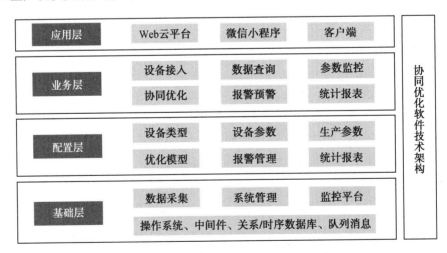

图 6.8　管理平台结构框图

6.9　投资及效果

项目总投资 1 087.0 万元,不含税总投资 980.6 万元。

项目建设投资 1 071.4 万元,不含税建设投资 965.1 万元。单位投资为 7.65 元/W(不含税为 6.89 元/W)。

电价按 0.215 2 元/(kW·h)、气价按 2.15 元/m³ 计算,项目税后财务内部收益率为 3.5%,未达到 8% 的行业基准值。

光热站投产,光热站替代热水站加热炉,节约天然气 51.10×10^4 N·m³/a,增加电耗 6.4×10^4 kW·h,总节约标煤 671.76 t/a。光热利用项目实施前后能耗指标分别见表 6.11 和表 6.12。

表 6.11　光热利用项目实施前能耗指标

项目	年消耗量		折合标煤/t
	单位	数量	
电	$\times 10^4$ kW·h	12	14.75
天热气	$\times 10^4$ m³	62.05	825.27
合计			840.01

表 6.12　光热利用项目实施后能耗指标

项目	年消耗量		折合标煤/t
	单位	数量	
电	$\times 10^4$ kW·h	18.4	22.61
天热气	$\times 10^4$ m³	10.95	145.64
合计			168.25

项目实施后,每年节能折标煤 671.76 t,减少 CO_2 排放量 1 786.89 t。

本章通过开展热水站"光热＋燃气"集中联合供热工业化试验,验证中低温光热集热技术、已建容器显热与相变储热体潜热耦合储热技术、多能互补协同优化技术,探索油田站场"光热＋燃气"集中联合供热模式,形成技术路线,为下一步油田中低温光热工业化推广奠定基础。

参 考 文 献

[1]国家统计局.中国统计年鉴—2021[M].北京:中国统计出版社,2021.

[2]朱兵,陈定江,蒋萌,等.化学工程在低碳发展转型中的关键作用探讨:从物质资源利用与碳排放关联的视角[J].化工学报,2021,72(12):5893-5903.

[3]POUYAKIAN M,JAFARI M J,LAAL F,et al. A comprehensive approach to analyze the risk of floating roof storage tanks[J]. Process Safety and Environmental Protection,2021,146:811-836.

[4]HUANG W Q,FANG J,LI F,et al. Numerical simulation and applications of equivalent film thickness in oil evaporation loss evaluation of internal floating-roof tank[J]. Process Safety and Environmental Protection,2019,129:74-88.

[5]DAKHEL A A,RAHIMI M. CFD simulation of homogenization in large-scale crude oil storage tanks[J]. Journal of Petroleum Science and Engineering,2004,43(3-4):151-161.

[6]ZHAO J,LIU J Y,DONG H,et al. Numerical investigation on the flow and heat transfer characteristics of waxy crude oil during the tubular heating [J]. International Journal of Heat and Mass Transfer,2020,161:120239.

[7]ZHAO J,WEI L X,DONG H,et al. Research on heat transfer characteristic for hot oil spraying heating process in crude oil tank [J]. Case Studies in Thermal Engineering,2016,7:109-119.

[8]ZHAO J,LIU J Y,DONG H,et al. Effect of physical properties on the heat transfer characteristics of waxy crude oil during its static cooling process[J]. International Journal of Heat and Mass Transfer,2019,137:242-262.

[9]中华人民共和国建设部,国家质量监督检验检疫总局.公共建筑节能设计标准:GB 50189—2005[S].北京:中国建筑工业出版社,2005.

[10]SOUAS F,SAFRI A,BENMOUNAH A. A review on the rheology of heavy crude oil for pipeline transportation[J]. Petroleum Research,2021,6(2):116-136.

[11]KANNAN N,VAKEESAN D. Solar energy for future world:A review[J]. Renewable and Sustainable Energy Reviews,2016,62:1092-1105.

[12]LI J L,HUANG J S. The expansion of China's solar energy:Challenges and policy options[J]. Renewable and Sustainable Energy Reviews,2020,132:110002.

[13]SHARIF A,MEO M S,CHOWDHURY M A F,et al. Role of solar energy in reducing ecological footprints:An empirical analysis [J]. Journal of Cleaner Production,2021,292:126028.

[14]DAO V D,VU N H,YUN S N. Recent advances and challenges for solar-driven water evaporation system toward applications[J]. Nano Energy,2020,68:104324.

[15]WANG X S, WANG R Z, WU J Y. Experimental investigation of a new-style double-tube heat exchanger for heating crude oil using solar hot water[J]. Applied Thermal Engineering,2005,25(11-12):1753-1763.

[16]ALTAYIB K,DINCER I. Analysis and assessment of using an integrated solar energy based system in crude oil refinery[J]. Applied Thermal Engineering,2019, 159:113799.

[17]NAKHCHI M E,HATAMI M,RAHMATI M. A numerical study on the effects of nanoparticles and stair fins on performance improvement of phase change thermal energy storages[J]. Energy,2021,215:119112.

[18]YANG T R,LIU W,KRAMER G J,et al. Seasonal thermal energy storage: A techno-economic literature review[J]. Renewable and Sustainable Energy Reviews, 2021,139:110732.

[19]EL HABIB AMAGOUR M,BENNAJAH M,RACHEK A. Numerical investigation and experimental validation of the thermal performance enhancement of a compact finned-tube heat exchanger for efficient latent heat thermal energy storage[J]. Journal of Cleaner Production,2021,280:124238.

[20]WHITE M T,SAYMA A I. A new method to identify the optimal temperature of latent-heat thermal-energy storage systems for power generation from waste heat [J]. International Journal of Heat and Mass Transfer,2020,149:119111.

[21] QU J, KE Z Q, ZUO A H, et al. Experimental investigation on thermal performance of phase change material coupled with three-dimensional oscillating heat pipe (PCM/3D−OHP) for thermal management application[J]. International Journal of Heat and Mass Transfer,2019,129:773-782.

[22] DEVAUX P, FARID M M. Benefits of PCM underfloor heating with PCM wallboards for space heating in winter[J]. Applied Energy,2017,191:593-602.

[23]GORJIAN S,EBADI H, NAJAFI G,et al. Recent advances in net-zero energy greenhouses and adapted thermal energy storage systems[J]. Sustainable Energy Technologies and Assessments,2021,43:100940.

[24]GAO P H,DAI Y J,TONG Y W,et al. Energy matching and optimization analysis of waste to energy CCHP (combined cooling, heating and power) system with exergy and energy level[J]. Energy,2015,79:522-535.

[25]FENG L J,JIANG X Z,CHEN J,et al. Time-based category of combined cooling, heating and power (CCHP) users and energy matching regimes[J]. Applied Thermal Engineering,2017,127:266-274.

[26]JIANG X Z,WANG X Y, FENG L J,et al. Adapted computational method of energy level and energy quality evolution for combined cooling, heating and power

systems with energy storage units[J]. Energy,2017,120:209-216.

[27]MOHAMED A,CAO S L,HASAN A,et al. Selection of micro-cogeneration for net zero energy buildings (NZEB) using weighted energy matching index[J]. Energy and Buildings,2014,80:490-503.

[28]HOU H J,DU Q J,HUANG C,et al. An oil shale recovery system powered by solar thermal energy[J]. Energy,2021,225:120096.

[29]WANG J F,O'DONNELL J,BRANDT A R. Potential solar energy use in the global petroleum sector[J]. Energy,2017,118:884-892.

[30]MAMMADOV F,SAMADOVA U,SALAMOV O. Experimental results of using a parabolic trough solar collector for thermal treatment of crude oil[J]. Journal of Energy in Southern Africa,2008,19(1):70-76.

[31]贾庆仲. 太阳能在石油输送中的应用研究[J]. 太阳能学报,2004,25(4):483-487.

[32]钱剑峰,王强. 加热原油的太阳能－污水源热泵系统的开发[J]. 哈尔滨商业大学学报(自然科学版),2017,33(4):477-481.

[33]裴峻峰,陈广敏. 太阳能与热泵技术在原油加热系统的应用[J]. 油气储运,2012,31(4):289-291,326-327.

[34]高丽. 太阳能电加热组合技术在油田生产中的应用[J]. 节能技术,2012,30(5):428-430.

[35]艾利兵. 青海油田单井储油罐利用太阳能加热的研究[J]. 太阳能,2011(15):24-26.

[36]孙会珍,王金海,郑羽,等. 单井石油储油罐原油太阳能加热自动控制系统[J]. 天津工业大学学报,2010,29(3):53-57.

[37]王学生,王如竹,吴静怡,等. 太阳能加热输送原油系统应用研究[J]. 油气储运,2004,23(7):41-45,65-69.

[38]YIP Y H,KAH A S,FOO J J. Flow-dynamics induced thermal management of crude oil wax melting:Lattice Boltzmann modeling[J]. International Journal of Thermal Sciences,2019,137:675-691.

[39]YIP Y H,KAH A S,FOO J J. Mitigation against crude oil wax solidification using TES fin[J]. Chemical Engineering Research and Design,2017,126:172-187.

[40]CHALA G T,SULAIMAN S A,JAPPER—JAAFAR A. Flow start-up and transportation of waxy crude oil in pipelines—A review[J]. Journal of Non-Newtonian Fluid Mechanics,2018,251:69-87.

[41]SULAIMAN S A,BIGA B K,CHALA G T. Injection of non-reacting gas into production pipelines to ease restart pumping of waxy crude oil[J]. Journal of Petroleum Science and Engineering,2017,152:549-554.

[42]ALOMAIR O,ELSHARKAWY A,ALKANDARI H. A viscosity prediction model for Kuwaiti heavy crude oils at elevated temperatures[J]. Journal of Petroleum Science and Engineering,2014,120:102-110.

[43]KAMEL A,ALOMAIR O,ELSHARKAWY A. Measurements and predictions of

Middle Eastern heavy crude oil viscosity using compositional data[J]. Journal of Petroleum Science and Engineering,2019,173:990-1004.

[44]WANG M,YU B,ZHANG X Y,et al. Experimental and numerical study on the heat transfer characteristics of waxy crude oil in a 100,000 m³ double-plate floating roof oil tank[J]. Applied Thermal Engineering,2018,136:335-348.

[45]YANG L,ZHAO J,DONG H,et al. Research on temperature profile in a large scaled floating roof oil tank[J]. Case Studies in Thermal Engineering,2018,12:805-816.

[46]于达. 大型浮顶油罐测温系统的研发[J]. 油气储运,2005,24(8):41-43.

[47]于达,方徐应,李东风,等. 大型浮顶罐储油温降特点[J]. 油气储运,2003,22(9):47-49.

[48]王明吉,张勇,曹文. 原油储罐纵向温度分布规律[J]. 大庆石油学院学报,2004,28(5):74-75,108.

[49]王明吉,张勇,曹文. 原油储罐温降规律的实验研究[J]. 油气田地面工程,2003,22(11):58.

[50]李超,刘人玮,李旺,等. 大型浮顶储罐原油温度场试验测试研究[J]. 工程热物理学报,2013,34(12):2332-2334.

[51]朱秀峰,黄秀杰,朱秀莲. 储油罐温度分布规律初探[J]. 油气田地面工程,2002,21(5):136-137.

[52]PASLEY H,CLARK C. Computational fluid dynamics study of flow around floating-roof oil storage tanks[J]. Journal of Wind Engineering and Industrial Aerodynamics,2000,86(1):37-54.

[53]DE CÉSARO OLIVESKI R,MACAGNAN M H,COPETTI J B,et al. Natural convection in a tank of oil:Experimental validation of a numerical code with prescribed boundary condition[J]. Experimental Thermal and Fluid Science,2005,29(6):671-680.

[54]DE CÉSARO OLIVESKI R. Correlation for the cooling process of vertical storage tanks under natural convection for high Prandtl number[J]. International Journal of Heat and Mass Transfer,2013,57(1):292-298.

[55]MAWIRE A. Experimental and simulated thermal stratification evaluation of an oil storage tank subjected to heat losses during charging[J]. Applied Energy,2013,108:459-465.

[56]任红英. 大型浮顶油罐传热规律研究[D]. 北京:中国石油大学,2005.

[57]朱作京,于达,宫敬. 储油罐温度场模拟过程中传热相似理论[J]. 油气储运,2007,26(12):37-42.

[58]DE CÉSARO OLIVESKI R,KRENZINGER A,VIELMO H A. Cooling of cylindrical vertical tanks submitted to natural internal convection[J]. International Journal of Heat and Mass Transfer,2003,46(11):2015-2026.

[59] VARDAR N. Numerical analysis of the transient turbulent flow in a fuel oil storage tank[J]. International Journal of Heat and Mass Transfer, 2003, 46(18): 3429-3440.

[60] LI W, SHAO Q Q, LIANG J. Numerical study on oil temperature field during long storage in large floating roof tank[J]. International Journal of Heat and Mass Transfer, 2019, 130: 175-186.

[61] WANG M, ZHANG X Y, SHAO Q Q, et al. Temperature drop and gelatinization characteristics of waxy crude oil in 1000 m^3 single and double-plate floating roof oil tanks during storage[J]. International Journal of Heat and Mass Transfer, 2019, 136: 457-469.

[62] WANG M, ZHANG X Y, YU G J, et al. Numerical study on the temperature drop characteristics of waxy crude oil in a double-plate floating roof oil tank[J]. Applied Thermal Engineering, 2017, 124: 560-570.

[63] 赵健, 董航, 付小明, 等. 浮顶罐内含蜡原油静态储存中的冷却胶凝规律[J]. 化工学报, 2017, 68(12): 4882-4891.

[64] ZHAO J, DONG H, LEI Q M, et al. Research on heat transfer characteristic of waxy crude oil during the gelatinization process in the floating roof tank[J]. International Journal of Thermal Sciences, 2017, 115: 139-159.

[65] ZHAO J, LIU J Y, QU D J, et al. Effect of geometry of tank on the thermal characteristics of waxy crude oil during its static cooling[J]. Case Studies in Thermal Engineering, 2020, 22: 100737.

[66] SUN W, CHENG Q L, ZHENG A B, et al. Research on coupled characteristics of heat transfer and flow in the oil static storage process under periodic boundary conditions[J]. International Journal of Heat and Mass Transfer, 2018, 122: 719-731.

[67] 王敏, 李敬法, 张欣雨, 等. 单盘式浮顶油罐内含蜡原油温降规律数值计算研究[J]. 石油科学通报, 2017, 2(2): 267-278.

[68] 李旺, 王情愿, 李瑞龙, 等. 大型浮顶油罐温度场数值模拟[J]. 化工学报, 2011, 62(S1): 108-112.

[69] 陆雅红, 吴江涛. 原油储罐盘管式蒸汽加热器优化设计[J]. 化学工程, 2010, 38(10): 69-72.

[70] 刘佳, 侯磊, 陈雪娇. 10×10^4 m^3 浮顶罐罐壁附近原油温度分布数值模拟[J]. 油气储运, 2015, 34(3): 248-253.

[71] MAGAZINOVI C G. Vertical arrangement of coils for efficient cargo tank heating [J]. International Journal of Naval Architecture andocean Engineering, 2019, 11(2): 662-670.

[72] SUN W, CHENG Q L, ZHENG A B, et al. Heat flow coupling characteristics

analysis and heating effect evaluation study of crude oil in the storage tank different structure coil heating processes [J]. International Journal of Heat and Mass Transfer,2018,127:89-101.

[73]SUN W,CHENG Q L,LI Z D,et al. Study on coil optimization on the basis of heating effect and effective energy evaluation during oil storage process [J]. Energy,2019,185:505-520.

[74]WANG M,YU G J,ZHANG X Y,et al. Numerical investigation of melting of waxy crude oil in an oil tank[J]. Applied Thermal Engineering,2017,115:81-90.

[75]ZHAO J,DONG H,WANG X L,et al. Research on heat transfer characteristic of crude oil during the tubular heating process in the floating roof tank[J]. Case Studies in Thermal Engineering,2017,10:142-153.

[76]赵健. 高寒地区原油储存过程中的传热问题研究及工艺方案优化[D]. 大庆:东北石油大学,2013.

[77]刘凤荣. 不同加热方式下储罐内原油传热特性研究[D]. 大庆:东北石油大学,2017.

[78]王敏,邵倩倩,杨晓帆,等. 盘管组倾角对浮顶油罐内含蜡原油融化过程的影响研究[J]. 化工学报,2020,71(5):2035-2048.

[79]王敏. 含蜡原油储罐内复杂传热规律的数值计算研究[D]. 北京:中国石油大学,2017.

[80]RAAM DHEEP G,SREEKUMAR A. Influence of nanomaterials on properties of latent heat solar thermal energy storage materials—A review [J]. Energy Conversion and Management,2014,83:133-148.

[81]ALEHOSSEINI E,JAFARI S M. Nanoencapsulation of phase change materials (PCMs) and their applications in various fields for energy storage and management [J]. Advances in Colloid and Interface Science,2020,283:102226.

[82]ALEHOSSEINI E,JAFARI S M. Micro/nano-encapsulated phase change materials (PCMs) as emerging materials for the food industry[J]. Trends in Food Science & Technology,2019,91:116-128.

[83]PEREIRA DA CUNHA J,EAMES P. Thermal energy storage for low and medium temperature applications using phase change materials—A review[J]. Applied Energy,2016,177:227-238.

[84]JAVADI F S,METSELAAR H S C,GANESAN P. Performance improvement of solar thermal systems integrated with phase change materials (PCM),a review[J]. Solar Energy,2020,206:330-352.

[85]MAT S,AL-ABIDI A A,SOPIAN K,et al. Enhance heat transfer for PCM melting in triplex tube with internal-external fins[J]. Energy Conversion and Management, 2013,74:223-236.

[86]RATHOD M K,BANERJEE J. Thermal stability of phase change materials used in latent heat energy storage systems:A review[J]. Renewable and Sustainable

Energy Reviews,2013,18:246-258.

[87]REGIN A F,SOLANKI S C,SAINI J S. Heat transfer characteristics of thermal energy storage system using PCM capsules: A review [J]. Renewable and Sustainable Energy Reviews,2008,12(9):2438-2458.

[88]LI D,WU Y Y,WANG B C,et al. Optical and thermal performance of glazing units containing PCM in buildings: A review[J]. Construction and Building Materials, 2020,233:117327.

[89]MOSTAFAVI A,PARHIZI M,JAIN A. Theoretical modeling and optimization of fin-based enhancement of heat transfer into a phase change material [J]. International Journal of Heat and Mass Transfer,2019,145:118698.

[90]NAGHAVI M S,ONG K S,BADRUDDIN I A,et al. Theoretical model of an evacuated tube heat pipe solar collector integrated with phase change material[J]. Energy,2015,91:911-924.

[91]YANG J L,YANG L J,XU C,et al. Experimental study on enhancement of thermal energy storage with phase-change material[J]. Applied Energy,2016,169: 164-176.

[92]FELINSKI P,SEKRET R. Experimental study of evacuated tube collector/storage system containing paraffin as a PCM[J]. Energy,2016,114:1063-1072.

[93]YE W B,ZHU D S,WANG N. Fluid flow and heat transfer in a latent thermal energy unit with different phase change material (PCM) cavity volume fractions [J]. Applied Thermal Engineering,2012,42:49-57.

[94]ZHANG S,FENG D L,SHI L,et al. A review of phase change heat transfer in shape-stabilized phase change materials (ss－PCMs) based on porous supports for thermal energy storage[J]. Renewable and Sustainable Energy Reviews, 2021, 135:110127.

[95]NÓBREGA C R E S,ISMAIL K A R,LINO F A M. Solidification around axial finned tube submersed in PCM: Modeling and experiments[J]. Journal of Energy Storage,2020,29:101438.

[96]ISMAIL K A R,MORAES R I R. A numerical and experimental investigation of different containers and PCM options for cold storage modular units for domestic applications[J]. International Journal of Heat and Mass Transfer, 2009, 52: 4195-4202.

[97]SHMUELI H,ZISKIND G,LETAN R. Melting in a vertical cylindrical tube: Numerical investigation and comparison with experiments[J]. International Journal of Heat and Mass Transfer,2010,53:4082-4091.

[98]FADL M,MAHON D,EAMES P C. Thermal performance analysis of compact thermal energy storage unit-An experimental study[J]. International Journal of

Heat and Mass Transfer,2021,173:121262.

[99]RAHIMI M,ARDAHAIE S S,HOSSEINI M J,et al. Energy and exergy analysis of an experimentally examined latent heat thermal energy storage system[J]. Renewable Energy,2020,147:1845-1860.

[100]KOUSHA N,RAHIMI M,PAKROUH R,et al. Experimental investigation of phase change in a multitube heat exchanger[J]. Journal of Energy Storage,2019, 23:292-304.

[101]SHIRVAN K M,MAMOURIAN M,ESFAHANI J A. Experimental investigation on thermal performance and economic analysis of cosine wave tube structure in a shell and tube heat exchanger[J]. Energy Conversion and Management,2018, 175:86-98.

[102]SEDDEGH S,WANG X L,JOYBARI M M,et al. Investigation of the effect of geometric and operating parameters on thermal behavior of vertical shell-and-tube latent heat energy storage systems[J]. Energy,2017,137:69-82.

[103]SEDDEGH S,JOYBARI M M,WANG X L,et al. Experimental and numerical characterization of natural convection in a vertical shell-and-tube latent thermal energy storage system[J]. Sustainable Cities and Society,2017,35:13-24.

[104]LONGEON M,SOUPART A,FOURMIGUÉ J F,et al. Experimental and numerical study of annular PCM storage in the presence of natural convection[J]. Applied Energy,2013,112:175-184.

[105]HASAN A. Phase change material energy storage system employing palmitic acid [J]. Solar Energy,1994,52(2):143-154.

[106]HASAN A. Thermal energy storage system with stearic acid as phase change material[J]. Energy Conversion and Management,1994,35(10):843-856.

[107]段文军,陆勇. 管壳式相变蓄热谷电利用装置热性能试验分析[J]. 工程热物理学报,2019,40(5):1169-1179.

[108]WEI L X,DU C S,ZHAO J,et al. A three-Dimensional numerical simulation of shut-Down heat transfer process in overhead waxy crude oil pipeline[J]. Case Studies in Thermal Engineering,2020,21:100629.

[109]LI X Q,LIU R Q,JIANG H,et al. Numerical investigation on the melting characteristics of wax for the safe and energy-efficiency transportation of crude oil pipelines[J]. Measurement:Sensors,2020,10:100022.

[110]LIU X Y,WANG L,LIU Y,et al. Numerical investigation of waxy crude oil paste melting on an inner overhead pipe wall[J]. Applied Thermal·Engineering,2018, 131:779-785.

[111]ZHAO Y. Effect of pipe diameter on heat transfer characteristics of waxy crude oil pipeline during shutdown[J]. Case Studies in Thermal Engineering,2020, 19:100628.

[112]WEI L X,LEI Q M,ZHAO J,et al. Numerical simulation for the heat transfer behavior of oil pipeline during the shutdown and restart process[J]. Case Studies in Thermal Engineering,2018,12:470-483.

[113]DONG H,ZHAO J,ZHAO W Q,et al. Study on the thermal characteristics of crude oil pipeline during its consecutive process from shutdown to restart[J]. Case Studies in Thermal Engineering,2019,14:100434.

[114]DONG H, ZHAO J, ZHAO W Q, et al. Numerical study on the thermal characteristics and its influence factors of crude oil pipeline after restart[J]. Case Studies in Thermal Engineering,2019,14:100455.

[115]LU T,WANG K S. Numerical analysis of the heat transfer associated with freezing/solidifying phase changes for a pipeline filled with crude oil in soil saturated with water during pipeline shutdown in winter[J]. Journal of Petroleum Science and Engineering,2008,62(1-2):52-58.

[116]YU B,LI C,ZHANG Z W,et al. Numerical simulation of a buried hot crude oil pipeline under normal operation[J]. Applied Thermal Engineering,2010,30(17-18):2670-2679.

[117]KALAPALA L,DEVANURI J K. Parametric investigation to assess the melt fraction and melting time for a latent heat storage material based vertical shell and tube heat exchanger[J]. Solar Energy,2019,193:360-371.

[118]MEHTA D S,SOLANKI K,RATHOD M K,et al. Thermal performance of shell and tube latent heat storage unit: Comparative assessment of horizontal and vertical orientation[J]. Journal of Energy Storage,2019,23:344-362.

[119]SEDDEGH S,WANG X L,HENDERSON A D. A comparative study of thermal behaviour of a horizontal and vertical shell-and-tube energy storage using phase change materials[J]. Applied Thermal Engineering,2016,93:348-358.

[120]PAHAMLI Y,HOSSEINI M J,RANJBAR A A,et al. Analysis of the effect of eccentricity and operational parameters in PCM-filled single-pass shell and tube heat exchangers[J]. Renewable Energy,2016,97:344-357.

[121]ELSANUSI O S,NSOFOR E C. Melting of multiple PCMs with different arrangements inside a heat exchanger for energy storage[J]. Applied Thermal Engineering,2021,185:116046.

[122]SHEN G,WANG X L,CHAN A,et al. Study of the effect of tilting lateral surface angle and operating parameters on the performance of a vertical shell-and-tube latent heat energy storage system[J]. Solar Energy,2019,194:103-113.

[123]AGYENIM F,EAMES P,SMYTH M. Heat transfer enhancement in medium temperature thermal energy storage system using a multitube heat transfer array [J]. Renewable Energy,2010,35(1):198-207.

[124]TAGHILOU M,SEFIDAN A M,SOJOUDI A,et al. Solid-liquid phase change in-

vestigation through a double pipe heat exchanger dealing with time-dependent boundary conditions[J]. Applied Thermal Engineering,2018,128:725-736.

[125]LI D,WU Y Y,LIU C Y,et al. Energy investigation of glazed windows containing Nano-PCM in different seasons[J]. Energy Conversion and Management,2018, 172:119-128.

[126]VOGEL J,JOHNSON M. Natural convection during melting in vertical finned tube latent thermal energy storage systems[J]. Applied Energy,2019,246:38-52.

[127]VOGEL J,KELLER M,JOHNSON M. Numerical modeling of large-scale finned tube latent thermal energy storage systems[J]. Journal of Energy Storage,2020, 29:101389.

[128]马预谱,胡锦炎,陈奇,等. 金属材料增强的石蜡储热性能研究[J]. 工程热物理学报,2016,37(10):2196-2201.

[129]韦攀,喻家帮,郭增旭,等. 环形管填充金属泡沫强化相变蓄热可视化试验[J]. 化工学报,2019,70(3):850-856.

[130]杨佳霖,杜小泽,杨立军,等. 泡沫金属强化石蜡相变蓄热过程可视化试验[J]. 化工学报,2015,66(2):497-503.

[131] ARICI M, TÜTÜNCÜ E, KAN M, et al. Melting of nanoparticle-enhanced paraffin wax in a rectangular enclosure with partially active walls [J]. International Journal of Heat and Mass Transfer,2017,104:7-17.

[132]华维三,章学来,罗孝学,等. 纳米金属/石蜡复合相变蓄热材料的试验研究[J]. 太阳能学报,2017,38(6):1723-1728.

[133] YANG R T, LI D, SALAZAR S L, et al. Photothermal properties and photothermal conversion performance of nano-enhanced paraffin as a phase change thermal energy storage material[J]. Solar Energy Materials and Solar Cells,2021, 219:110792.

[134]康亚盟,刁彦华,赵耀华,等. 纳米复合相变蓄热材料的制备与特性[J]. 化工学报, 2016,67(S1):372-378.

[135]SARI A,KARAIPEKLI A. Thermal conductivity and latent heat thermal energy storage characteristics of paraffin/expanded graphite composite as phase change material[J]. Applied Thermal Engineering,2007,27(8-9):1271-1277.

[136]KARAIPEKLI A,SARI A,KAYGUSUZ K. Thermal conductivity improvement of stearic acid using expanded graphite and carbon fiber for energy storage applications[J]. Renewable Energy,2007,32(13):2201-2210.

[137] YIN H B,GAO X N,DING J,et al. Experimental research on heat transfer mechanism of heat sink with composite phase change materials [J]. Energy Conversion and Management,2008,49(6):1740-1746.

[138]张凯,王继芬,徐利军,等. 不同乳化剂种类和浓度对正十八烷@碳酸钙相变微胶囊的性能影响[J]. 上海第二工业大学学报,2021,38(1):22-30.

[139]张艳来,饶中浩,李复活,等. 相变材料微胶囊流体相变过程对储热蓄热影响[J]. 工程热物理学报,2014,35(1):140-144.

[140]TUMULURI K,ALVARADO J L,TAHERIAN H,et al. Thermal performance of a novel heat transfer fluid containing multiwalled carbon nanotubes and micro-encapsulated phase change materials[J]. International Journal of Heat and Mass Transfer,2011,54(25-26):5554-5567.

[141]SUN Y L,WANG R,LIU X,et al. Improvements in the thermal conductivity and mechanical properties of phase-change microcapsules with oxygen-plasma-modified multiwalled carbon nanotubes[J]. Journal of Applied Polymer Science, 2017,134(44):e45269.

[142]WANG T Y,JIANG Y,HUANG J,et al. High thermal conductive paraffin/calcium carbonate phase change microcapsules based composites with different carbon network[J]. Applied Energy,2018,218:184-191.

[143]YANG Y Y,KUANG J,WANG H,et al. Enhancement in thermal property of phase change microcapsules with modified silicon nitride for solar energy[J]. Solar Energy Materials and Solar Cells,2016,151:89-95.

[144]WANG X F,LI C H,ZHAO T. Fabrication and characterization of poly (melamine-formaldehyde)/silicon carbide hybrid microencapsulated phase change materials with enhanced thermal conductivity and light-heat performance[J]. Solar Energy Materials and Solar Cells,2018,183:82-91.

[145]YUAN K J,WANG H C,LIU J,et al. Novel slurry containing graphene oxide-grafted microencapsulated phase change material with enhanced thermo-physical properties and photo-thermal performance[J]. Solar Energy Materials and Solar Cells,2015,143:29-37.

[146]KHAN Z,KHAN Z A. Role of extended fins and graphene nano-platelets in coupled thermal enhancement of latent heat storage system [J]. Energy Conversion and Management,2020,224:113349.

[147]REN Q L,MENG F L,GUO P H. A comparative study of PCM melting process in a heat pipe-assisted LHTES unit enhanced with nanoparticles and metal foams by immersed boundary-lattice Boltzmann method at pore-scale[J]. International Journal of Heat and Mass Transfer,2018,121:1214-1228.

[148]XIE Y Q,CHI P T,ZHOU Y,et al. Heat transfer enhancement for thermal energy storage using fin-copper foam within phase change materials[J]. Heat Transfer Engineering,2014:909203.

[149]WU Z G,ZHAO C Y. Experimental investigations of porous materials in high temperature thermal energy storage systems[J]. Solar Energy, 2011, 85 (7): 1371-1380.

[150]FERFERA R S,MADANI B. Thermal characterization of a heat exchanger

equipped with a combined material of phase change material and metallic foams [J]. International Journal of Heat and Mass Transfer,2020,148:119162.

[151]ASKARI I B,AMERI M. A techno-economic review of multi effect desalination systems integrated with different solar thermal sources[J]. Applied Thermal Engineering,2021,185:116323.

[152]ERDENEDAVAA P,ADIYABAT A,AKISAWA A,et al. Performance analysis of solar thermal system for heating of a detached house in harsh cold region of Mongolia[J]. Renewable Energy,2018,117:217-226.

[153]ANGRISANI G,ENTCHEV E,ROSELLI C,et al. Dynamic simulation of a solar heating and cooling system for an office building located in Southern Italy[J]. Applied Thermal Engineering,2016,103:377-390.

[154]KASHIF A,ALI M,SHEIKH N A,et al. Experimental analysis of a solar assisted desiccant-based space heating and humidification system for cold and dry climates [J]. Applied Thermal Engineering,2020,175:115371.

[155]MAZARRÓN F R,PORRAS-PRIETO C J,GARCÍA J L,et al. Feasibility of active solar water heating systems with evacuated tube collector at different operational water temperatures[J]. Energy Conversion and Management,2016, 113:16-26.

[156]MARAJ A,LONDO A,GEBREMEDHIN A,et al. Energy performance analysis of a forced circulation solar water heating system equipped with a heat pipe evacuated tube collector under the Mediterranean climate conditions [J]. Renewable Energy,2019,140:874-883.

[157]DAGHIGH R,SHAFIEIAN A. Theoretical and experimental analysis of thermal performance of a solar water heating system with evacuated tube heat pipe collector[J]. Applied Thermal Engineering,2016,103:1219-1227.

[158]HAZAMI M,KOOLI S,NAILI N,et al. Long-term performances prediction of an evacuated tube solar water heating system used for single-family households under typical Nord-African climate (Tunisia)[J]. Solar Energy,2013,94:283-298.

[159]王云峰,常伟,李明,等. 直通式真空管空气集热器热性能试验及干燥应用[J]. 太阳能学报,2020,41(1):21-28.

[160]SINGH P,GAUR M K. Heat transfer analysis of hybrid active greenhouse solar dryer attached with evacuated tube solar collector[J]. Solar Energy,2021,224: 1178-1192.

[161]PIRASTEH G,SAIDUR R,RAHMAN S M A,et al. A review on development of solar drying applications[J]. Renewable and Sustainable Energy Reviews,2014, 31:133-148.

[162]DANIELS J W,HEYMSFIELD E,KUSS M. Hydronic heated pavement system performance using a solar water heating system with heat pipe evacuated tube

solar collectors[J]. Solar Energy,2019,179:343-351.

[163]KUMAR R,ADHIKARI R S,GARG H P,et al. Thermal performance of a solar pressure cooker based on evacuated tube solar collector[J]. Applied Thermal Engineering,2001,21(16):1699-1706.

[164]SHARMA S D,IWATA T,KITANO H,et al. Thermal performance of a solar cooker based on an evacuated tube solar collector with a PCM storage unit[J]. Solar Energy,2005,78(3):416-426.

[165]KIYAN M,BINGÖL E,MELIKOGLU M,et al. Modelling and simulation of a hybrid solar heating system for greenhouse applications using Matlab/Simulink [J]. Energy Conversion and Management,2013,72:147-155.

[166]HASSANIEN R H E,LI M,TANG Y L. The evacuated tube solar collector assisted heat pump for heating greenhouses[J]. Energy and Buildings,2018,169: 305-318.

[167]陶宁,母刚,张国琛,等. 陶瓷板和真空管太阳能集热器对养殖水体升温效果的对比研究[J]. 大连海洋大学学报,2019,34(2):267-272.

[168]ABBASPOUR M J,FAEGH M,SHAFII M B. Experimental examination of a natural vacuum desalination system integrated with evacuated tube collectors[J]. Desalination,2019,467:79-85.

[169]LIU X H,CHEN W B,GU M,et al. Thermal and economic analyses of solar desalination system with evacuated tube collectors[J]. Solar Energy,2013,93: 144-150.

[170]YIN Z Q,HARDING G L,WINDOW B. Water-in-glass manifolds for heat extraction from evacuated solar collector tubes[J]. Solar Energy,1984,32(2): 223-230.

[171]王立廷,陆维德,霍志臣. 全玻璃真空集热管内自然对流换热与流动的可视化试验研究[J]. 太阳能学报,1987,8(3):305-309.

[172]王立廷,陆维德,霍志臣. 横置全玻璃真空集热管单管内自然对流换热的试验研究[J]. 太阳能学报,1989,10(2):177-184.

[173]钟建立,付丽霞,雷进波. 全玻璃太阳能真空集热管流场和温度场的可视化研究[J]. 浙江大学学报(农业与生命科学版),2005,31(3):351-354.

[174]GAA F O,BEHNIA M,MORRISON G L. Experimental study of flow ratets through inclined open thermosyphons[J]. Solar Energy,1996,57(5):401-408.

[175]GAA F O,BEHNIA M,LEONG S,et al. Numerical and experimental study of inclined open thermosyphons[J]. International Journal of Numerical Methods for Heat & Fluid Flow,1998,8(7):748-767.

[176]SHAH L J,FURBO S. Theoretical flow investigations of an all glass evacuated tubular collector[J]. Solar Energy,2007,81(6):822-828.

［177］MORRISON G L,BUDIHARDJO I,BEHNIA M. Water-in-glass evacuated tube solar water heaters［J］. Solar Energy,2004,76(1-3):135-140.

［178］MORRISON G L,BUDIHARDJO I,BEHNIA M. Measurement and simulation of flow rate in a water-in-glass evacuated tube solar water heater［J］. Solar Energy, 2005,78(2):257-267.

［179］BUDIHARDJO I, MORRISON G L, BEHNIA M. Natural circulation flow through water-in-glass evacuated tube solar collectors［J］. Solar Energy,2007,81 (12):1460-1472.

［180］CHAI S W, YAO J, LIANG J D, et al. Heat transfer analysis and thermal performance investigation on an evacuated tube solar collector with inner concentrating by reflective coating［J］. Solar Energy,2021,220:175-186.

［181］SINGH I, VARDHAN S. Experimental investigation of an evacuated tube collector solar air heater with helical inserts［J］. Renewable Energy,2021,163: 1963-1972.

［182］YILDIRIM E,YURDDAS A. Assessments of thermal performance of hybrid and mono nanofluid U-tube solar collector system［J］. Renewable Energy,2021,171: 1079-1096.

［183］OLFIAN H, AJAROSTAGHI S S M, EBRAHIMNATAJ M. Development on evacuated tube solar collectors: A review of the last decade results of using nanofluids［J］. Solar Energy,2020,211:265-282.

［184］EIDAN A A,ALSAHLANI A,AHMED A Q,et al. Improving the performance of heat pipe-evacuated tube solar collector experimentally by using Al_2O_3 and CuO/ acetone nanofluids［J］. Solar Energy,2018,173:780-788.

［185］ALSHUKRI M J,EIDAN A A,NAJIM S I. Thermal performance of heat pipe e-vacuated tube solar collector integrated with different types of phase change materials at various location［J］. Renewable Energy,2021,171:635-646.

［186］ALSHUKRI M J,EIDAN A A,NAJIM S I. The influence of integrated Micro-ZnO and Nano-CuO particles/paraffin wax as a thermal booster on the performance of heat pipe evacuated solar tube collector［J］. Journal of Energy Storage,2021,37:102506.

［187］胡旺盛,张少杰,张昌建,等. 相变式 U 形管太阳能集热器的性能［J］. 化工进展, 2021,40(2):771-777.

［188］FELI NSKI P, SEKRET R. Effect of PCM application inside an evacuated tube collector on the thermal performance of a domestic hot water system［J］. Energy and Buildings,2017,152:558-567.

［189］ARICI M,TÜTÜNCÜ E,YILDIZ Ç,et al. Enhancement of PCM melting rate via internal fin and nanoparticles ［J］. International Journal of Heat and Mass

Transfer,2020,156:119845.

[190]VAJJHA R S,DAS D K,NAMBURU P K. Numerical study of fluid dynamic and heat transfer performance of Al_2O_3 and CuO nanofluids in the flat tubes of a radiator[J]. International Journal of Heat and Fluid Flow,2010,31(4):613-621.

[191]BHATTAD A,SARKAR J,GHOSH P. Discrete phase numerical model and experimental study of hybrid nanofluid heat transfer and pressure drop in plate heat exchanger[J]. International Communications in Heat and Mass Transfer,2018, 91:262-273.

[192]BUONGIORNO J. Convective transport in nanofluids[J]. Journal of Heat Transfer,2006,128(3):240-250.

[193]TAY N H S,BELUSKO M,BRUNO F. An effectiveness-NTU technique for characterising tube-in-tank phase change thermal energy storage systems[J]. Applied Energy,2012,91(1):309-319.

[194]TAY N H S,BELUSKO M,BRUNO F. Experimental investigation of tubes in a phase change thermal energy storage system[J]. Applied Energy,2012,90(1): 288-297.

[195]CASTELL A,BELUSKO M,BRUNO F,et al. Maximisation of heat transfer in a coil in tank PCM cold storage system[J]. Applied Energy, 2011, 88 (11): 4120-4127.

[196]YANG X H,LU Z,BAI Q S,et al. Thermal performance of a shell-and-tube latent heat thermal energy storage unit:Role of annular fins[J]. Applied Energy,2017, 202:558-570.

[197]YANG X H,GUO J F,YANG B,et al. Design of non-uniformly distributed annular fins for a shell-and-tube thermal energy storage unit[J]. Applied Energy, 2020,279:115772.

[198]TAN J Y,XIE Y M,WANG F Q,et al. Investigation of optical properties and radiative transfer of TiO_2 nanofluids with the consideration of scattering effects [J]. International Journal of Heat and Mass Transfer,2017,115:1103-1112.

[199]QU J,ZHANG R M,WANG Z H,et al. Photo-thermal conversion properties of hybrid $CuO\text{-}MWCNT/H_2O$ nanofluids for direct solar thermal energy harvest[J]. Applied Thermal Engineering,2019,147:390-398.

[200]SINGH S K,SARKAR J. Energy, exergy and economic assessments of shell and tube condenser using hybrid nanofluid as coolant [J]. International Communications in Heat and Mass Transfer,2018,98:41-48.

[201]ABU-NADA E,MASOUD Z,HIJAZI A. Natural convection heat transfer enhancement in horizontal concentric annuli using nanofluids[J]. International Communications in Heat and Mass Transfer,2008,35(5):657-665.

[202]ALAWI O A,SIDIK N A C,XIAN H W,et al. Thermal conductivity and viscosity

models of metallic oxides nanofluids[J]. International Journal of Heat and Mass Transfer,2018,116:1314-1325.

[203]LI D,LI Z W,ZHENG Y M,et al. Thermal performance of a PCM-filled double-glazing unit with different thermophysical parameters of PCM[J]. Solar Energy, 2016,133:207-220.

[204]郑瑞澄. 民用建筑太阳能热水系统工程技术手册[M]. 北京:化学工业出版社,2006.

[205]李彤. U型相变真空管太阳能集热器热性能研究[D]. 西安:西安建筑科技大学,2020.

附　录　部分彩图

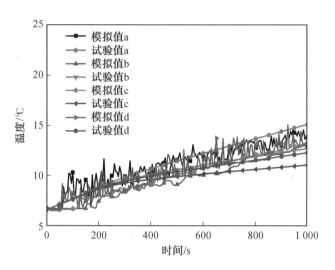

图 2.5

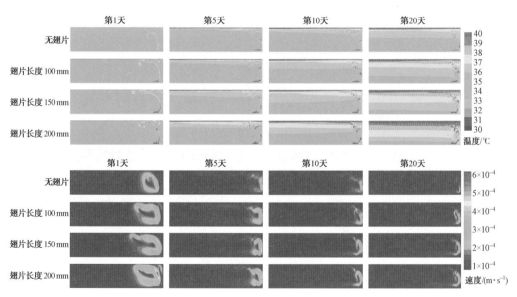

图 2.7

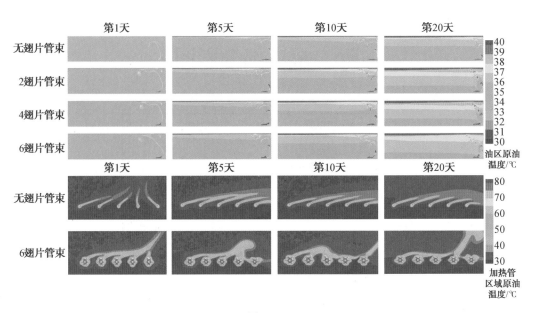

图 2.11

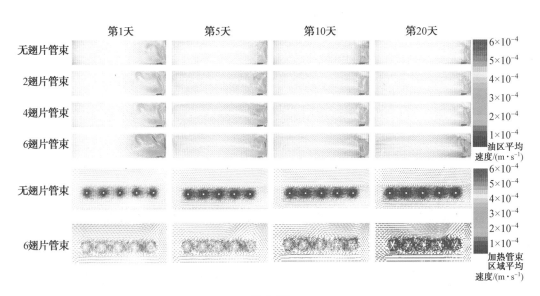

图 2.12

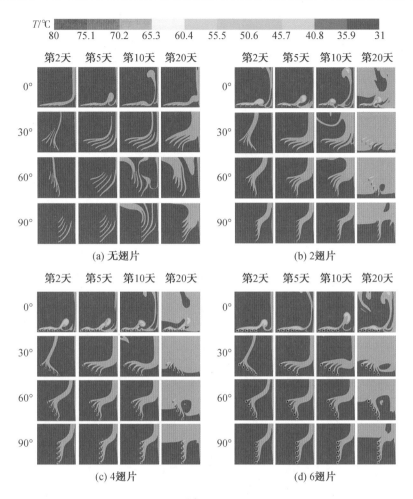

图 2.16

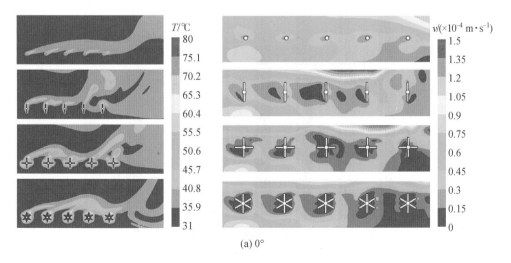

(a) 0°

图 2.17

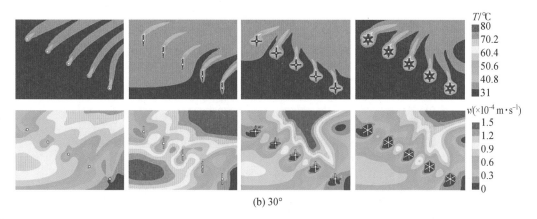

(b) 30°

续图 2.17

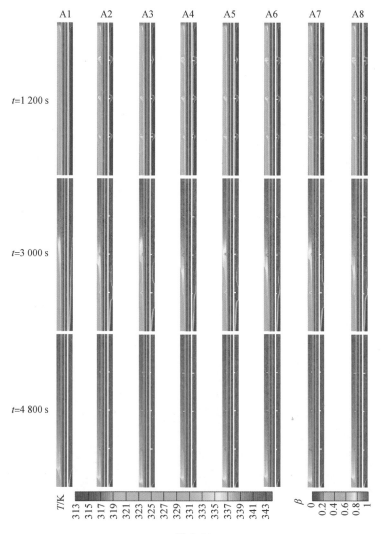

图 3.10

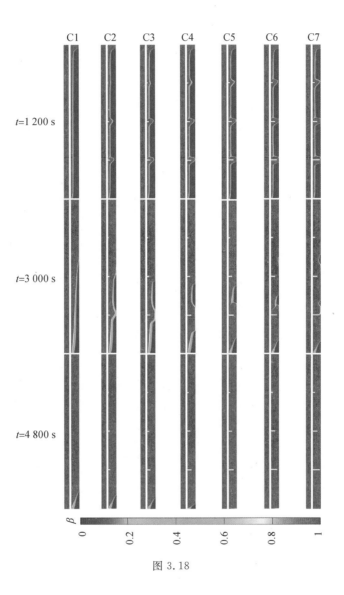

图 3.18

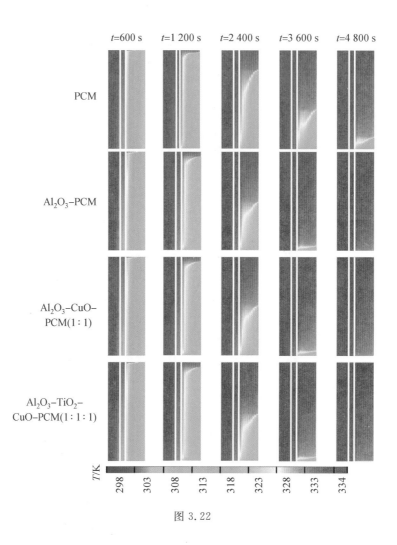

图 3.22

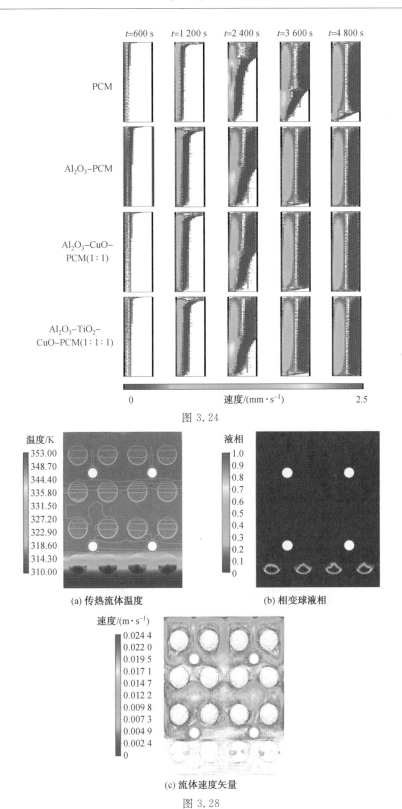

图 3.24

(a) 传热流体温度

(b) 相变球液相

(c) 流体速度矢量

图 3.28

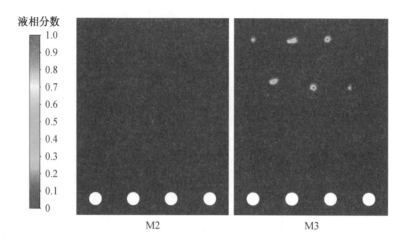

图 3.33

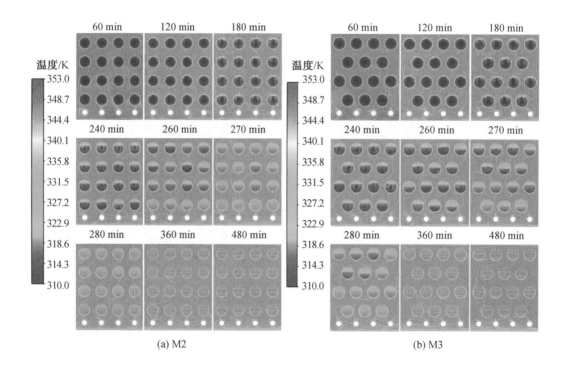

(a) M2   (b) M3

图 3.34

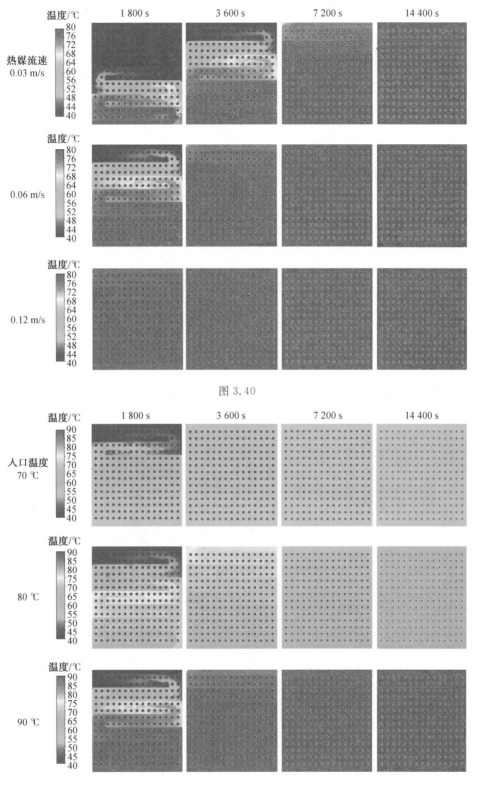

图 3.40

图 3.41

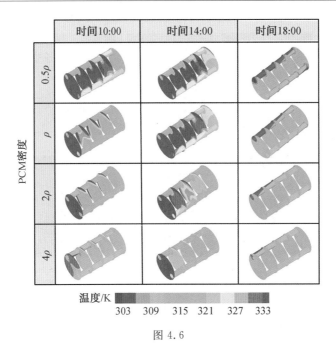

图 4.6

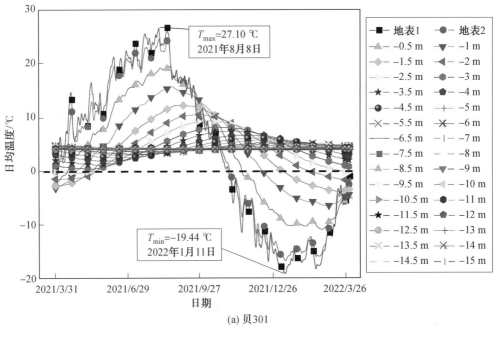

(a) 贝301

图 4.15

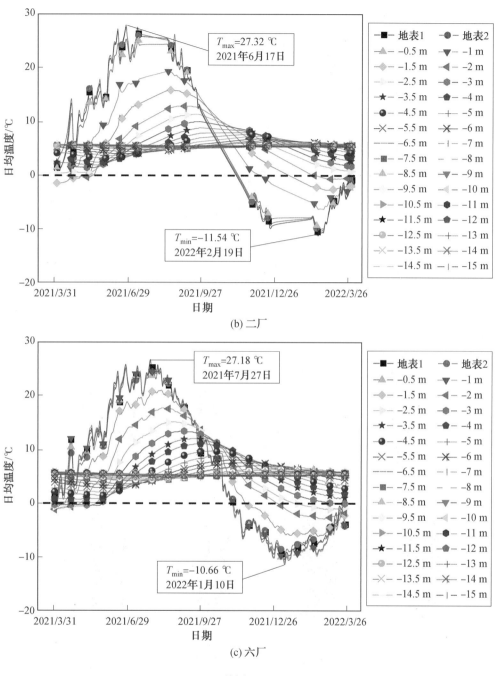

(b) 二厂

(c) 六厂

续图 4.15

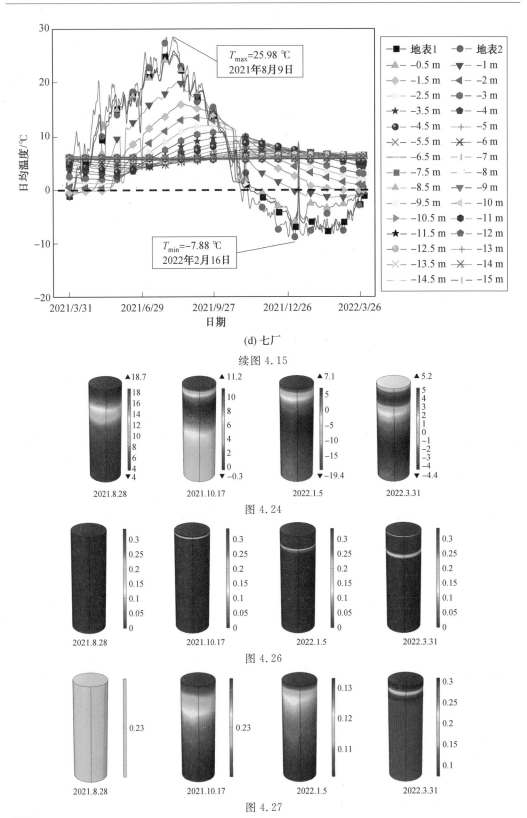

(d) 七厂

续图 4.15

图 4.24

图 4.26

图 4.27